"十四五"时期国家重点出版物出版专项规划项目

大规模清洁能源高效消纳关键技术丛书

大规模共享储能
应用技术及其运营模式

李春来　郭顺宁　李红霞 等　编著

中国水利水电出版社
www.waterpub.com.cn

·北京·

内 容 提 要

本书为《大规模清洁能源高效消纳关键技术丛书》之一，全面、系统地阐述了共享储能发展的背景及重要性、储能的技术分类与电站特点、储能技术发展应用、共享储能规划技术研究与实施、储能电站集成设计、共享储能商业模式探索性研究、共享储能市场化交易探索与实践等内容。

本书通俗简练、系统翔实、图文并茂，适合从事储能技术研究、共享储能创新发展等工作的工程技术人员提高专业能力、扩充知识面的培训教材和参考资料，也可供相关专业的师生阅读参考。

图书在版编目（ＣＩＰ）数据

大规模共享储能应用技术及其运营模式 / 李春来等
编著． -- 北京 ： 中国水利水电出版社，2023.6
（大规模清洁能源高效消纳关键技术丛书）
ISBN 978-7-5170-9049-6

Ⅰ．①大… Ⅱ．①李… Ⅲ．①新能源－电力系统－储
能－研究 Ⅳ．①TM7

中国国家版本馆CIP数据核字(2023)第112281号

书　　名	大规模清洁能源高效消纳关键技术丛书 **大规模共享储能应用技术及其运营模式** DAGUIMO GONGXIANG CHUNENG YINGYONG JISHU JI QI YUNYING MOSHI
作　　者	李春来　郭顺宁　李红霞　等 编著
出版发行	中国水利水电出版社 （北京市海淀区玉渊潭南路 1 号 D 座　100038） 网址：www.waterpub.com.cn E-mail：sales@mwr.gov.cn 电话：(010) 68545888（营销中心）
经　　售	北京科水图书销售有限公司 电话：(010) 68545874、63202643 全国各地新华书店和相关出版物销售网点
排　　版	中国水利水电出版社微机排版中心
印　　刷	天津嘉恒印务有限公司
规　　格	184mm×260mm　16 开本　10.75 印张　241 千字
版　　次	2023 年 6 月第 1 版　2023 年 6 月第 1 次印刷
印　　数	0001—3000 册
定　　价	**72.00 元**

凡购买我社图书，如有缺页、倒页、脱页的，本社营销中心负责调换

《大规模清洁能源高效消纳关键技术丛书》
编　委　会

本 书 编 委 会

Preface 序

世界能源低碳化步伐进一步加快，清洁能源将成为人类利用能源的主力。党的十九大报告指出：要推进绿色发展和生态文明建设，壮大清洁能源产业，构建清洁低碳、安全高效的能源体系。清洁能源的开发利用有利于促进生态平衡，发展绿色产业链，实现产业结构优化，促进经济可持续性发展。这既是对中华民族伟大先哲们提出的"天人合一"思想的继承和发展，也是党中央、习近平主席提出的"构建人类命运共同体"中"命运"质量提升的重要环节。截至 2019 年年底，我国清洁能源发电装机容量 9.3 亿 kW，清洁能源发电装机容量约占全部电力装机容量的 46.4%；其发电量 2.6 万亿 kW·h，占全部发电量的 35.8%。由此可见，以清洁能源替代化石能源是完全可行的。

现今我国风电、太阳能等可再生能源装机容量稳居世界之首；在政策制定、项目建设、装备制造、多技术集成等方面亦具有丰富的经验。然而，在取得如此优势的条件下，也存在着消纳利用不充分、区域发展不均衡等问题。目前清洁能源消纳主要面临以下困难：一是资源和需求呈逆向分布，导致跨省区输电压力较大；二是风电、光伏发电的出力受自然条件影响，使之在并网运行后给电力系统的调度运行带来了较大挑战；三是弃风弃光弃小水电现象严重。因此，亟须提高科学技术水平，更加有效促进清洁能源消纳的质和量，形成全社会促进清洁能源消纳的合力，建立清洁能源消纳的长效机制，促进清洁能源高质量发展，为我国能源结构调整建言献策，有利于解决清洁能源产业面临的各种技术难题。

"十年磨一剑。"本丛书作者为实现绿色能源高效利用，提高光、风、水、热等多种能源综合利用效率，不懈努力编写了《大规模清洁能源高效消纳关键技术丛书》。本丛书从基础研究、成果转化、工程示范、标准引领和推广应用五个环节着手介绍了能源网协调规划、多能互补电站建模、测试以及快速调节技术、多能协同发电运行控制技术、储能运行控制技术和全国集散式绿色能源库规模化建设等方面内容。展现了大规模清洁能源高效消纳领域的前沿技术，代表了我国清洁能源技术领域的世界领先水平，亦填补了上述科技工程领域的出版空白，望为响应党中央的能源转型战略号召起一名"排头兵"的作用。

这套丛书内容全面、知识新颖、语言精练、使用方便、适用性广，除介绍基本理论外，还特别通过实测建模、运行控制、测试评估等原创性科技内容对清洁能源上述关键问题的解决进行了详细论述。这里，我怀着愉悦的心情向读者推荐这套丛书，并相信该丛书可为从事清洁能源消纳工程技术研发、调度、生产、运行以及教学人员提供有价值的参考和有益的帮助。

中国科学院院士 卢强

2019 年 12 月

Foreword
前言

　　随着我国社会经济的快速发展及技术进步，特别是能源与环境问题的日益突出，日益增长的能源消费，煤炭、石油等化石燃料的大量使用对环境和全球气候所带来的影响使得人类可持续发展的目标面临严峻威胁，可再生能源受到国家及社会各界乃至世界各国越来越多的关注。为促进我国可再生能源的健康发展，我国早在"十三五"（2016—2020）电力发展规划中就提出："十三五"期间，非化石能源消费比重提高至15％以上，煤炭消费比重降低在58％以下。为满足国家能源战略要求，风力发电和光伏发电并网渗透率势必持续增加，同时将伴随着我国电网新能源装机占比进一步增长，新能源发电产业的快速发展和大规模并网势必给电网带来许多新的问题，特别是新能源消纳问题，弃风弃光成为了制约新能源持续发展的瓶颈。

　　提升新能源消纳是贯彻党的十九大报告中推进能源生产和消费革命、构建清洁低碳、安全高效的能源体系战略的重要抓手。为推进新能源消纳工作，国网青海省电力公司提出发展共享储能，共享储能是打开储能技术、探索新业态、新模式、新发展的新突破，其主要以电网为纽带，将独立分散的电网侧、电源侧、用户侧储能电站资源进行全网优化配置，由电网来进行统一协调，推动源网荷各端储能能力全面释放。这种模式既可为电源、用户自身提供服务，也可以灵活调整运营模式，实现全网电力共享，提升电力品质。这不仅对解决新能源消纳问题具有现实意义，也对市场交易的多元化具有创新意义，可以激发储能行业市场活力。

　　共享储能技术是智能电网的重要环节，是智能电网关键支撑技术之一。随着可再生能源发电和电动汽车的快速发展，给储能产业带来了新的发展机遇。未来能源的焦点在能效、可再生能源、储能和可插入电动汽车。智能电网是新能源经济的实施者。智能电网被定义为广义的优化能源链的解决方案，是未来可支撑能源的基础。现在，新能源发电规模迅速扩大，新能源汽车推广使用，智能电网建设快速升温，与之相关的储能技术与装备的发展前景被一致看好。

　　通过共享储能技术可为电网运行提供调峰、调频、备用、黑启动、需求响应等多种服务，能够满足电力系统"大规模源—网—荷—储友好互动系统"

升级应用的需求，在提高电力系统抵御事故水平、新能源消纳水平和电网综合能效水平等方面具有良好应用前景，大力发展共享储能对提升新能源消纳、提高资源利用率以及保障电网安全稳定运行具有重大意义。

青海省清洁能源发展研究院根据青海省可再生能源的开发进展情况，结合多年来对共享储能的研究工作，编写了此书。根据研究工作的内容和本书编写的需要，将本书分为共享储能发展的背景及重要性、储能的技术分类与电站特点、青海储能技术发展应用、青海共享储能规划技术研究与实施、储能电站集成设计、共享储能商业模式探索性研究、共享储能市场化交易探索与实践等几个方面进行编写。本书是作者及其课题组在多年研究共享储能的基础上编写的一部专著，旨在比较系统地介绍共享储能发展背景以及国内外发展现状，阐述储能技术分类特点以及储能电站的特点、青海省共享储能的发展应用以及规划技术研究与实施、共享储能商业模式研究、共享储能市场化交易探索与研究。在本书的编制过程中，得到了国网青海省电力公司清洁能源发展研究院给予支持，同时得到了国网青海省电力公司、国网青海省电力公司经济技术研究院、中广核新能源投资（深圳）有限公司青海分公司的大力支持。

全书分 8 章，第 1 章概述，介绍共享储能的研究背景及意义、共享储能发展必要性分析以及储能技术的国内外发展现状；第 2 章储能的技术分类与电站特点，介绍目前国内外常用储能技术及其电站特点；第 3 章青海储能技术发展应用，介绍青海两个千万千瓦级清洁能源基地的储能应用情况；第 4 章、第 5 章共享储能技术规划与实施，介绍青海区域内共享储能配置要求以及配置方案、青海两个千万千瓦级清洁能源基地的共享储能技术实施方案；第 6 章储能电站集成设计，介绍储能系统、电气系统、火灾报警控制系统、监控及运维系统以及集成控制要素等方面的设计细节；第 7 章共享储能商业模式探索性研究，介绍目前商业模式现状以及新模式应用方式、储能商业模式发展规划；第 8 章共享储能市场化交易探索与实践，介绍共享储能市场化交易存在的问题和模式创新、市场化交易实践及取得的重大成效。

本书由国网青海省电力公司、中广核新能源投资（深圳）有限公司青海分公司等单位联合组织编写。共享储能是一个发展中的技术，还有许多问题有待进一步研究。本书是一个初步研究，有待继续深入，诚望各界专家和广大读者提出各种意见和建议。同时，限于作者水平，本书难免有疏漏或错误之处，敬请读者批评指正。

作者

2022 年 12 月

Contents 目录

第1章

概　　述

1.1　研究背景及意义

随着世界各国对环境污染以及能源危机的持续关注，传统火力发电由于其发电效率低、碳排放量高、污染严重等原因，正面临着严峻的挑战。因此，以风能、太阳能为代表的清洁可再生能源逐渐走向能源产业舞台的中央，在能源产业结构中扮演着越来越重要的角色。截至 2022 年年底，我国可再生能源装机容量达到 12.13 亿 kW，占全国发电总装机容量的 47.3%。其中风电 3.65 亿 kW、太阳能发电 3.93 亿 kW、生物质发电 0.41 亿 kW、常规水电 3.68 亿 kW、抽水蓄能 0.45 亿 kW。2022 年，可再生能源发电量达到 2.7 万亿 kW·h，占全社会用电量的 31.6%，相当于减少国内二氧化碳排放约 22.6 亿 t。新能源装机容量的不断增加在一定程度上减轻了我国经济快速发展对环境带来的压力。

青海省作为我国新能源最为丰富的地区之一，青海省委省政府牢固树立新发展理念，顺应世界能源发展大势，把握推进能源生产和消费革命的趋势，举全省之力不断培育壮大新能源产业，着力打造新能源的输出大省、产业大省和生态大省，奋力走在国家能源生产和消费革命前列，积极领跑国家新能源发展。截至 2022 年年底，青海电网装机总容量 4468 万 kW。其中，新能源装机容量 2814 万 kW，占比超过全网装机容量的六成，达到 63%。随着新能源装机容量扩大，青海电网清洁能源装机容量达 4075 万 kW，占比超全网装机容量的九成。新能源装机中，光伏装机容量 1842 万 kW，超过水电成为省内第一大电源。同时，光热发电、水光互补、分布式能源等新形态不断出现，青海省建成全国首个商业化运行的光热示范电站、全国首个商业化运行的光伏—储能联合电站、世界最大的水光互补发电项目，形成了清洁能源新技术和新模式的示范高地。

青海新能源装机容量已经超过水电，同时也是我国省域电网新能源装机容量占比最大的省份。新能源产业的快速发展，强化了青海省作为全国新能源产业示范省的突出地位，对我国能源产业的转型起到了积极的推动作用。但是，大规模新能源电站的接入也给电网带来了许多新的问题。特别是青海电网的长链式网架结构限制了通道输电能力，制约了新能源消纳，弃风弃光问题正成为制约新能源持续发展的瓶颈。

提升新能源消纳是贯彻党的十九大报告中推进能源生产和消费革命、构建清洁低碳、安全高效的能源体系战略的重要抓手。为推进新能源消纳工作，青海省积极推进省内网架建设，提升新能源外送断面，并联合多部门规划特高压直流工程，拓展青海跨区大直流外送通道。这些举措提高了新能源消纳能力，同时也为新能源外送提供了通道。但是，由于新能源发电具有间歇性特点以及本地负荷容量较低及外送通道有限等因素，导致"弃电"与"缺电"现象并存。同时，受制于电网的网架结构，再加上青海—河南±800kV特高压直流工程所在的海南州地区缺乏常规电源支撑，一旦特高压直流发生直流闭锁故障，电网暂态稳定问题突出，将严重影响送端电网的安全稳定运行。在此背景下，国网青海省电力公司提出发展储能技术。储能技术可为电网运行提供调峰、调频、备用、黑启动、需求响应等多种服务，能够满足电力系统"大规模源—网—荷—储友好互动系统"升级应用的需求。在提高电力系统抵御事故水平、新能源消纳水平和电网综合能效水平等方面具有良好的应用前景，大力发展储能技术对提升新能源消纳、提高资源利用率以及保障电网安全稳定运行具有重大意义。

从广义上讲，储能为能量储存，是指通过一种介质或者设备，把一种能量形式或者将其转换成另一种能量形式存储起来，基于未来应用需要以特定能量形式释放出来的循环过程；从狭义上讲，针对电能的存储，储能是指利用化学或者物理的方法将产生的能量存储起来并在需要时释放的一系列技术和措施。

目前，储能的应用主要有三个方面：①电源侧储能，主要是保障电站平滑出力曲线，参与一次调频；②负荷侧储能，主要是利用用电峰谷差适时充放电，节约用电成本；③电网侧储能，主要是削峰填谷进行电网的调峰调频，例如2018年河南、江苏相继投运了百兆瓦级的电网储能项目，带动了国内储能市场的大幅增长。国网青海省电力公司适时提出的共享储能，是在这三种应用模式基础上的创新，将电源侧储能、负荷侧储能和电网侧储能资源进行全网优化配置，既可为电源、用户提供服务，也可以灵活调整运营模式实现全网共享储能。而且，通过构建全网共享储能市场化交易平台，可以轻松、便捷地实现储能和新能源之间的市场化交易，实现多方共赢，从而实现储能资源的最大化利用。

共享储能运行模式：对满足储能辅助服务市场准入条件的电源侧储能、负荷侧储能和电网侧储能资源进行全网优化配置。在新能源出力受限时，通过双边协商和市场竞价实现双边交易出清，或由调度机构直接调用储能参与电网调峰，并利用智能发电控制系统，实现新能源增发电量的实时存储，在用电高峰和新能源低谷时释放电能，实现全网共享储能，全面提升电网调峰能力和新能源消纳能力，从而保障大电网系统安全稳定运行。共享储能的作用如下：

（1）提高电力系统调峰能力。储能设备具有快速、精准的功率响应能力，可以更好地实现对电网频率的调节，从而解决区域电网短时功率不平衡问题，提高电网运行的可靠性和安全性。

（2）提高新能源消纳水平，增加发电企业经济效益。储能设备在发电侧可为新能源消纳提供保障，在光伏大发时进行充电，在输电通道有富裕容量的时候放电，这样可提升发电站的消纳能力。

（3）保障大电网系统安全稳定运行。储能设备可以实现有功功率和无功功率的快速调控，当电网发生故障时能够快速支撑电力缺额，从而提高电网抵御事故风险能力与安全稳定水平。

（4）提高能源利用率和电网整体资产利用率。储能电站具有削峰填谷的双重功效，储能系统可以有效平抑随机性电源及负荷的波动性，尤其是大容量储能在改善电源结构、提高电网调峰能力方面具有重要的作用，在一定程度上可以减弱局部电网峰谷差，从而有效延缓甚至减少电源和电网建设。

（5）提高电网无功支撑能力。由于储能设备具有无功功率的快速调节能力，当系统出现故障时，可以在短时间内平抑系统震荡，稳定电压波动，从而提升电网运行的稳定性。并且储能调峰电站调节能力强、启动快，是理想的黑启动电源，对局部电网快速恢复起到重要作用。

1.2 共享储能的特点

1.2.1 新能源产业发展现状

近年来，我国政府陆续颁布一系列法律法规、管理办法规定和要求等，旨在有效引导和支持包括太阳能光伏产业和风力发电产业在内的可再生能源的发展。截至 2020 年年底，我国风电、光伏累计装机量双双突破 3.5 亿 kW，即全国风电累计装机容量 3.65 亿 kW，光伏发电累计装机容量 3.93 亿 kW。特别是青海地区，成为继甘肃省后第二个新能源发电为第一大电源的省份。2022 年年底，青海新能源装机容量 2814 万 kW，占本省电源总装机容量的 63%，其中风电 972 万 kW，太阳能发电 1842 万 kW。

1.2.1.1 太阳能发电发展现状

我国属于太阳能资源丰富的国家之一，全国总面积 2/3 以上地区年日照时数大于 2000h，年辐射量在 5000MJ/m² 以上。据统计资料分析，中国陆地面积每年接收的太阳辐射总量为 $3.3 \times 10^3 \sim 8.4 \times 10^3 MJ/m^2$，相当于 2.4×10^4 亿 t 标准煤的储量。由于我国的地理环境特点，形成了青藏高原高值中心和四川盆地低值中心两个太阳能辐射强度中心，并且太阳辐射总量基本上是西高东低、北高南低。因此根据各地接受太阳辐射能总量的多少，可将全国划分为以下类型地区：

（1）一类地区：我国太阳能资源最丰富地区，全年日照时长 3200～3300h，年太阳辐射总量为 6680～8400MJ/m²。主要包括青藏高原、宁夏北部、甘肃北部、新疆南部等地区。尤以西藏西部最为丰富，年太阳辐射总量最高达 9210MJ/m²，居世界第二位，仅次于撒哈拉大沙漠。

（2）二类地区：我国太阳能资源较丰富地区，全年日照时长 3000～3200h，年太阳辐射总量为 5850～6680MJ/m²。主要包括河北西北部、山西北部、内蒙古南部、宁夏南部、甘肃中部、青海东部、西藏东南部和新疆南部等地区。

（3）三类地区：我国太阳能资源中等类型地区，全年日照时长 2200～3000h，年太阳辐射总量为 5000～5850MJ/m²。主要包括山东、河南、河北东南部、山西南部、新疆北部、吉林、辽宁、云南、陕西北部、甘肃东南部、广东南部、福建南部、苏北、皖北、台湾西南部等地区。

（4）四类地区：我国太阳能资源较差地区，全年日照时长 1400～2200h，年太阳辐射总量为 4200～5000MJ/m²。主要包括长江中下游、福建、浙江和广东部分地区。

（5）五类地区：我国太阳能资源最匮乏地区，全年日照时长 1000～1400h，年太阳辐射总量为 3350～4200MJ/m²，主要包括四川、贵州两省。

一类、二类、三类地区占全国总面积的 2/3 以上，年日照时数大于 2000h，年太阳辐射总量高于 5000MJ/m²，具有利用太阳能的良好条件；四类、五类地区太阳能资源较差，利用价值较低。

近年来，我国太阳能发电保持快速增长，截至 2022 年年底，全国太阳能发电装机容量为 3.93 亿 kW，2022 年新增太阳能发电装机容量 8741 万 kW，同比增长 60.3%。在我国太阳能发电快速发展的背景下，青海省作为一类地区，其太阳能光伏产业也取得了快速发展，已初步形成亚洲硅业（青海）股份有限公司、青海华硅能源有限公司、黄河上游水电开发有限责任公司新能源分公司等一批新能源龙头企业。一批单晶硅、多晶硅项目的顺利实施，为太阳能光伏产业的发展奠定了良好的基础，也标志着太阳能光伏产业体系正在逐步形成。以青海尚德尼玛太阳能电力有限公司为代表的太阳能电池组件封装企业已形成了一定的生产能力。

青海省是中国太阳能最为丰富的地区之一，也是我国最大的光伏发电基地。目前新能源产业正以每年装机容量 100 万 kW 的速度递增，并相继建成柴达木、恰卜恰两个百万级大规模集中并网光伏发电基地。光伏电站发展带动了光伏制造业的发展，光伏产业成为青海省特色优势产业。与此同时，青海省加快了开展太阳能热发电技术研究和产业化试验的进程。中控德令哈 1 万 kW 塔式光热项目建成并网，成为全国第一个商业化运行的光热电站；中广核德令哈 5 万 kW 槽式光热项目是国内首个投产的大规模商业化示范项目，此外青海光热电力格尔木 20 万 kW 光热发电项目开工建设；国家电投德令哈 27 万 kW 光热发电项目前期推进顺利。促进分布式和户用光伏电站建设，在西宁、海东等地探索光伏发电应用与设施农用地结合，在玉树、果洛等青海电网尚未覆盖的偏远地区推广户用光伏电源。促进形成"人人消费能源，人人生产能源"的生产消费新形态。

青海太阳能发电的快速成长，促进了省内产业发展的转型升级，推动了国内光伏应用市场的发展，有效应对了欧美对我国光伏产品实施"双反"的影响，为全国太阳能产业健康有序发展做出了积极贡献。

1.2.1.2 风力发电发展现状

我国陆地风能资源丰富，在离地面 10m 高度处风能功率密度在 $150W/m^2$ 及以上的陆地面积约为 20 万 km^2，风能资源理论储量在 40 亿 kW 以上，其中技术可开发利用的风能资源储量为 0.6 亿～10 亿 kW，实际可开发利用的风能资源储量为 2.53 亿 kW。新疆北部、内蒙古、甘肃北部是我国风能资源丰富地区，有效风能密度为 200～$300W/m^2$，全年风速大于或等于 3m/s 的有效可利用小时大于 5000h，全年风速大于或等于 6m/s 的有效可利用小时大于 3000h。黑龙江、吉林东部、河北北部及辽东半岛的风能资源也较好，有效风能密度大于 $200W/m^2$，全年风速大于和等于 3m/s 的有效可利用小时为 5000h，全年风速大于和等于 6m/s 的有效可利用小时为 3000h。青藏高原北部有效风功率密度在 150～$200W/m^2$ 之间，全年风速大于和等于 3m/s 的有效可利用小时为 4000～5000h，全年风速大于和等于 6m/s 的有效可利用小时为 3000h。但青藏高原海拔高、空气密度小，所以有效风功率密度也较低。云南、贵州、四川、甘肃、陕西南部、河南、湖南西部、福建、广东、广西的山区及新疆塔里木盆地和西藏的雅鲁藏布江，为风能资源贫乏地区，有效风效率密度在 $50W/m^2$ 以下，全年风速大于和等于 3m/s 的有效可利用小时小于 2000h，全年风速大于和等于 6m/s 的时数小于 150h，风能潜力很低。

关于海上风能资源，我国东南沿海及其附近岛屿是风能资源丰富地区，有效风效率密度大于或等于 $200W/m^2$ 的等值线平行于海岸线。沿海岛屿有效风效率密度大于 $300W/m^2$，全年风速不小于 3m/s 的有效可利用小时为 7000～8000h，不小于 6m/s 的有效可利用小时为 4000h。

近年来，我国风电装机容量稳步增长，截至 2022 年年底，我国陆上风电累计装机达 3.65 亿 kW，陆上风电 3.35 亿 kW，连续 13 年稳居世界第一，海上风电 3046 万 kW，装机规模居世界第一，2022 年新增 3763 万 kW。从分区域角度分析，我国风电主要集中在华北北部、西北区域，华东、华中、南方区域装机容量相对较低。虽然近年来我国东部、中部风电装机增速提高，但是持续多年的"北高南低"的风电装机布局短期内难以改变。

在我国风电快速发展的背景下，青海省风电也在稳步增长。青海的风能资源相当丰富，除东北部、东南部少数山川和河谷地区外，辽阔的青南高原、柴达木盆地、疏勒山区和环湖地区年平均风速均在 3.0m/s 以上，盆地西部和唐古拉山区超过 5.0m/s。此外，青海省风速不小于 17.0m/s 的大风出现频繁，大部分地区年大风日数都在 50 天以上。其中，盆地西部、青南高原西部和疏勒山区超过 100 天，特别是唐古拉山区达 150 天以上，为我国同纬度之冠。

"十三五"期间，国家能源局给青海省下达风电累计并网容量 200 万 kW 的目标。截至 2020 年年底，青海全面建成两个千万千瓦级基地，全省电力装机 4030 万 kW，清洁能源装机和发电量占比分别达到 90.2% 和 89.3%，风电、太阳能发电装机占比达 60.6%，是全国唯一占比过半的省份。其中，光伏装机 1580 万 kW，光热装机 21 万 kW，风电装机 843 万 kW，青海省海南藏族自治州（以下简称海南州）、海西藏族自治州（以下简称海西州）基地清洁能源装机分别达到 1841 万 kW、1043 万 kW，实现"千万千瓦级两基地"发展目标。青海省打造国家清洁能源产业高地，青海省政府、国家能源局制定了行动方案，规划到 2025 年，清洁能源总装机达到 8226 万 kW，其中光伏 4200 万 kW、风电 1650 万 kW、光热 121 万 kW、储能 600 万 kW，海西州、海南州两个千万千瓦级基地新能源发电装机容量分别超过 3000 万 kW 和 2500 万 kW；到 2030 年，清洁能源总装机达到 14524 万 kW，其中光伏 7000 万 kW、风电 3000 万 kW、光热 321 万 kW、储能 1200 万 kW。

青海州风电场主要分布在海南州恰卜恰县、海西州格尔木市锡铁山周围，包括海南州沙珠玉风电场、海西州三峡新能源锡铁山风电场及中节能风电场等，并投入运行，为青海的风电发展提供了宝贵的经验。青海省风能资源总体蕴藏量巨大，但风力年密度偏低、风向乱等问题一直以来是制约风力发电产业快速发展的重要因素。经过多年的研究，风电机组技术取得重大突破，解决了青海省风电开发的重要技术制约。

1.2.1.3 储能并网发展现状

储能技术主要分为抽水蓄能和新型储能，新型储能涵盖电化学储能（如钠硫电池、液流电池、钠离子电池、铅酸电池、锂离子电池等）、压缩空气储能、飞轮储能、热储能（如显热储能、潜热储能、热化学储能等）、化学储能（如氢储能、合成燃料等）和电磁储能（如超导电磁、超级电容器等）。

根据中国能源研究会储能专委会/中关村储能产业技术联盟（CNESA）全球储能项目库的不完全统计，截至 2022 年年底，全球已投运电力储能项目累计装机规模 237.2GW，年增长率 15%。抽水蓄能累计装机规模占比首次低于 80%，与 2021 年同期相比下降 6.8 个百分点；新型储能累计装机规模达 45.7GW，年增长率 80%，锂离子电池仍占据绝对主导地位，年增长率超过 85%，其在新型储能中的累计装机占比与 2021 年同期相比上升 3.5 个百分点。中国已投运电力储能项目累计装机规模 59.8GW，占全球市场总规模的 25%，年增长率 38%。抽水蓄能累计装机占比同样首次低于 80%，与 2021 年同期相比下降 8.3 个百分点；新型储能继续高速发展，累计装机规模首次突破 10GW，达到 13.1GW/27.1GW·h，功率规模年增长率达 128％，能量规模年增长率达 141％。

1. 抽水蓄能的发展

截至 2022 年年底，我国抽水蓄能装机容量为 4611 万 kW，国家能源局 2021 年发布了《抽水蓄能中长期发展规划（2021—2035 年）》，明确了未来发展目标和重点任务，初步形成了未来 15 年重点实施项目库和储备库，要求到 2025 年，抽水蓄能投产总规模 6200 万 kW 以上；到 2030 年，投产总规模 1.2 亿 kW 左右；到 2035 年，形成满足新能源高比例大规模发展需求的、技术先进、管理优质、国际竞争力强的抽水蓄能现代化产业，培育形成一批抽水蓄能大型骨干企业。

2. 新型储能的发展

截至 2022 年年底，我国新型储能累计装机规模首次突破 10GW，达到 13.1GW/27.1GW·h，功率规模年增长率达 128％，能量规模年增长率达 141％。2022 年，新型储能新增规模创历史新高，达到 7.3GW/15.9GW·h，功率规模同比增长 200％，能量规模同比增长 280％；新型储能中，锂离子电池占据绝对主导地位，比重达 97％，此外，压缩空气储能、液流电池、钠离子电池、飞轮等其他技术路线的项目，在规模上有所突破，应用模式逐渐增多。

为深入贯彻落实"四个革命、一个合作"能源安全新战略，实现碳达峰碳中和战略目标，支撑构建新型电力系统，加快推动新型储能高质量规模化发展，国家发展改革委、国家能源局编制并发布了《"十四五"新型储能发展实施方案》，到 2025 年，新型储能由商业化初期步入规模化发展阶段，具备大规模商业化应用条件，新型储能技术创新能力显著提高，核心技术装备自主可控水平大幅提升，标准体系基本完善，产业体系日趋完备，市场环境和商业模式基本成熟。其中，电化学储能技术性能进一步提升，系统成本降低 30％以上；火电与核电机组抽汽蓄能等依托常规电源的新型储能技术、百兆瓦级压缩空气储能技术实现工程化应用；兆瓦级飞轮储能等机械储能技术逐步成熟；氢储能、热（冷）储能等长时间尺度储能技术取得突破。到 2030 年，新型储能全面市场化发展。新型储能核心技术装备自主可控，技术创新和产业水平稳居全球前列，市场机制、商业模式、标准体系成熟健全，与电力系统各环节深度融合发展，基本满足构建新型电力系统需求，全面支撑能源领域碳达峰目标如期实现。

我国储能产业的发展主要呈现出以下特点：

（1）电化学储能累计装机容量突破吉瓦，迈进规模化发展阶段。

（2）电网侧储能"强势出击"，探索储能应用新领域。

（3）火储联合参与调频正向多地渗透，期待市场化价格机制的建立。

（4）可再生能源场站配置储能蓄势待发，有望成为未来储能新的增长点。

（5）非补贴类政策重推储能市场化发展，强化生命力。

（6）多项储能标准出台，标准规范体系建设中，护航产业健康发展。

青海省拥有丰富的太阳能和风能资源，开发潜力大，太阳能发电可开发量30亿kW，风电可开发量7500万kW，并且新能源发电已成为青海第一大电源。随着大规模太阳能发电和风电的集中接入，由此引起的电网运行的安全稳定性问题、弃光弃风问题以及不同清洁电源之间的协调运行控制问题逐渐显现。储能作为支撑技术，在促进可再生能源并网、存储弃光弃风量、参与调频调峰辅助服务等领域发展空间广阔。

截至2022年年底，青海已并网电化学储能共计56.1万kW/87.3万kW·h，其中电源侧储能72.9万kW/60.9万kW·h，电网侧储能13.2万kW/26.4万kW·h，主要分布在海西州和海南州地区，电源侧电化学储能包括格尔木时代新能源15MW/18MW·h储能项目、协和德令哈光伏电站2MW/4MW·h储能项目、黄河上游水电20MW/16.7MW·h储能示范项目、鲁能多能互补电站50MW/100MW·h储能项目、三峡锡铁山风储12MW/12MW·h等；电网侧电化学储能为格尔木美满储能电站32MW/64MW·h、格尔木宏储源100MW/200MW·h储能电站。青海省内电化学储能主要用于解决光伏消纳问题，并具备调峰、备用等功能。已并网热储能共计210MW，储热时长6～9h，全部位于电源侧，主要分布在海西州、海南州地区，包括中广核德令哈导热油槽式50MW、中控德令哈熔盐塔式50MW＋10MW示范、中电建共和熔盐塔式50MW、鲁能海西多能互补示范工程50MW。抽水蓄能电站暂无并网，目前处于规划中的有哇让抽水蓄能电站、黄河上游梯级储能泵站和三峡集团格尔木南山口抽水蓄能电站，其中哇让抽水蓄能电站规划容量280万kW（预计可研规模240万kW），计划2022年年底完成可研设计，计划2023年取得核准并开工，同时青海省已有序开展抽水蓄能中长期规划工作，"十四五"规划建设1870万kW，远期规划建设4170万kW。

1.2.2 电力市场预测

青海省电网关于青海地区电力市场实际情况和预测情况见表1-1，青海电网2021年实际需电量为858亿kW·h，预测2025年需电量为942亿kW·h，相应"十三五""十四五"期间年均增长率分别为4.7%、2.4%；全网最大负荷2020年、2025年分别为10840MW、13870MW，相应"十三五""十四五"期间年均增长率分别为5.3%、5.1%。

表1-1　　　青海省电网关于青海地区电力市场实际情况和预测情况

年　　份	2018	2020	2021	2022	2023	2024	2025	年均增长率/%	
								"十三五"	"十四五"
最大发电负荷/万kW	925	1084	1128	1191	1264	1323	1387	5.3	5.1
需电量/(亿kW·h)	738	828	858	888	906	924	942	4.7	2.4

1.2.3　电源及电网发展规划

国家发展改革委、国家能源局印发的《电力发展"十三五"规划》提出,要着力解决弃风、弃光问题,要大力发展新能源,要从供应能力、电源结构、电网发展、综合调节能力、节能减排、民生用电保障、科技装备发展、电力体制改革8个方面绘制电力发展的"十三五"蓝图,青海省就规划要求提出符合省情的电源、电网发展规划。

《青海省"十四五"能源发展规划》要求以碳达峰、碳中和目标及能源安全为能源转型变革的战略方向,深入贯彻落实"四个革命、一个合作"能源安全新战略,以打造国家清洁能源产业高地为目标,以建设国家清洁能源示范省为路径,以储能先行示范区建设为突破口,将"提升四个能力、构建五个体系"作为主要任务,以清洁能源高比例、高质量、市场化、基地化、集约化发展为核心,积极推动清洁能源大规模外送,扎实推进清洁能源惠民富民,让清洁能源成为青海的"金字招牌",为国家能源绿色低碳转型贡献青海力量。

1. 青海电源发展规划

青海电网光伏并网以规模化、集中式接入为主,主要分布在海西州和海南州,风电装机规模不断扩大。根据青海省资源特点及分布,"十三五"期间青海省重点打造海西州和海南州两个千万千瓦级清洁能源基地,对于带动海西州和海南州优质清洁可再生能源开发利用,贯彻区域清洁可再生能源优先发展战略意义重大。

根据两个基地的规划报告,青海省海西州和海南州两个千万千瓦级可再生能源基地规划总体目标为到2025年海西州和海南州可再生能源基地规模均超过3000万kW,分别达到3867万kW(新能源3687万kW)和3316万kW(新能源2332万kW)。

根据青海省资源分布、建厂条件及前期工作开展情况,"十三五"期间青海省积极发展水电,主要考虑前期工作开展较为深入的黄河上游大中型水电站,在具备条件地区开工建设一定规模抽水蓄能电站,探索依托现有水电站建设抽水蓄能电站的可行性。适度和优化发展火电,在负荷中心建设凝汽式电厂,在热负荷较大、具备建厂条件地区建设热电厂,满足供热需要,节能减排,减少环境污染。大力发展新能源,在海西州和海南州光照及风资源较好的地区,加快发展太阳能发电,大力发展风电,提高清洁可再生能源消费比重。

2. 青海电网发展规划

海南州新能源基地已列入国家能源局首批多能互补集成优化示范工程,规划形成水电、光伏、风电构成的多能互补清洁能源基地,通过青海—河南特高压直流输电工程进行外送。该工程已于2020年12月30日正式投运,线路起于青海省海南藏族自治州，共途经青海、甘肃、陕西、湖北、河南等5省，止于河南驻马店地区，输电电压等级为±800kV，输送容量1000万kW，全线总长约1582km。

"十三五""十四五"期间，青海750kV电网规划在省内形成多个双环网、1个三角单环网的网架结构，青海省内东西部电网通过4回750kV电网联络，与甘肃电网之间形成6回750kV联络线。

1.2.4 发展必要性分析

截至2022年年底，青海电网总装机容量为4468万kW，其中新能源装机容量2814万kW，光伏发电装机容量1842万kW、风电装机容量972万kW。新能源占全省电力装机容量的63%，成为全国清洁能源、新能源装机占比最高的省域电网。同时在2020年，青海全面建成海西州、海南州两个千万千瓦级新能源基地的战略格局，新能源的发展必将更加迅速。然而，具有波动性、随机性、低惯量的光伏与风电如此大规模的并网，新能源在电源装机的比重快速提高，在源网规划、电网安全稳定运行方面给电力系统带来了一系列重大挑战。一是随着新能源的快速增长，电网与新能源之间发展不平衡的矛盾日益明显，省内负荷增长缓慢，消纳能力有限，亟需在更大范围内优化配置，局部网架结构薄弱，送电能力不足；二是大规模新能源接入，青海电网运行特性发生重大变化。电网功率波动性和不确定性导致电网电压、频率稳定性问题进一步激化，电网安全稳定形势将更加严峻。

随着青电入豫带动青海新能源的快速发展，全网调峰能力逐渐下降。新能源装机容量比例逐年增加，考虑水电和火电的调节能力后，在新能源大发时段（14时），青海电网最大调峰容量缺口逐年提高，预计2025年最大调峰容量缺口将达到759万kW，出现在冬季水电小发季节3月。新能源出力特性与用电曲线不匹配，主要调峰缺口由光伏发电和风力发电造成，经计算2025年新能源调峰预计占系统调峰需求的88%。由于常规电源调峰能力不足，并且青海省内大型水电站承担黄河综合利用任务，调峰能力进一步压缩；火电厂受电网安全约束及冬季供暖要求，有最小出力约束，省内调峰能力不足问题进一步加剧。

针对以上问题，青海省根据实际需求，提出"可再生能源的发展急需研究储能的问题"，但目前储能应用对本体技术的特征需求（规模、寿命、安全、成本和效率）与本体技术水平还有一定差距，并且储能技术尚未得到广泛应用。因此，一方面要提升现有本体技术水平，挖掘其技术潜力，逐步缩短与储能应用需求之间的差距；另一方面要研究新型的储能技术，关注发展前景好、技术潜力大以及具有相对技术优势的新型本体技术。结合国内外现有储能技术研究水平、电池技术的发展规划及资源条件等几个方面的因素，提高青海电网抵御事故水平、新能源消纳水平和电网综合能效水平。

1. 青海电网储能发展不利因素

未来的吉瓦级储能电站，随着青海海西州、海南州百兆瓦级、吉瓦级以及数吉瓦级储能电站的规划设计、先继投运。就目前来看，青海电网储能发展不利因素主要包括：

（1）融资困难。储能系统由于造价较高，经两次电能转换后，转换损耗至少为15%，如不考虑弃风、弃光等因素，电源侧、电网侧、负荷侧投资储能都将造成成本的大量浪费。因此，储能电站的投资主体宜以第三方资本为主，兼以考虑当地政府、民营资本，以灵活、机动的方式激发储能电站的运营活力。

（2）缺乏有力政策。目前的政策环境本身对储能不是十分清晰明朗，尤其是在国家电网公司下发《关于进一步严格控制电网投资的通知》（国家电网办〔2019〕826号）。文件中提到不得以投资、租赁或合同能源管理等方式开展电网侧电化学储能设施建设，限制电网侧储能建设，成为不利于青海储能发展的政策因素。

（3）气候环境恶劣，维护成本高。青海属于高海拔地区，相比于其他地区，在工期安排、现场安装、调试设备等方面要充分考虑气候，在设备制造过程中要充分考虑恶劣气候、抗风沙、免维护、微功耗的设备特点；还需要保证设备的安全可靠运行，少人或无人值守。因此，采用智能控制技术，对电池系统进行故障预警，实现远程自动维护，将增加储能系统制造成本。

2. 青海电网储能发展有利因素

青海省格尔木市2020年11月5日并网投运国内首个由独立市场主体投资建设并参与市场化运营的电网侧共享储能电站——美满共享储能电站，电站容量3.2万kW/6.4万kW·h。"共享储能"由电网进行统一协调调度，将电网侧、电源侧、负荷侧储能电站资源整合在一起，不但可以稳定电网频率波动，还可以促进新能源电源的消纳。截至2020年11月底，青海共享储能电站累计实现增发新能源电量超过1400万kW·h。共享储能的市场化运营也标志着储能共享时代的到来，极大地推动了储能系统的市场化发展。

青海储能发展有利因素主要包括：

（1）自青海省内调峰辅助服务市场启动以来，依托共享储能市场化交易平台，采取多方竞价的方式扩大共享储能市场化交易规模。在限电严重时段实现一日多次充放电，最大化提高储能装置的利用率。青海3.2万kW/6.4万kW·h共享储能电站的建设成为解决新能源消纳的创新试点，能够有效解决周边地区新能源场站弃光、弃风问题。在弃光、弃风高峰时段将电储存，在非弃光、非弃风低谷时段将电发送至电网，提高能源利用率。

（2）随着储能共享时代的到来，区块链、大数据等技术的引入将使共享储能电力市场化交易全过程的信息更安全、可追溯，保证交易数据公信力。区块链可以低成本地建立互信机制，打破不同主体间信息的屏障，促进多方之间信息无障碍地流动，实现跨主体的协作。应用区块链可以突破电源侧、电网侧、负荷侧的界限。

（3）源—网—荷与储能间相互协调发展，在电源侧，可以整合电源侧储能站，为新能源发电厂提供弃风弃光电量的存储与释放，有效缓解清洁能源高峰时段电力电量消纳困难；在电网侧，可以充分利用电网现有资源，在变电站内设置储能电站，充分利用变电站的空地资源，为电源的电力支撑提供紧急备用、灵活调度；在负荷侧，能够将灵活移动共享储能的范围持续延伸至负荷侧，利用电动汽车或智能楼宇等储能装置，在新能源高发时段存储电力，对电动汽车进行充电，在其他时段释放电力。

3. 青海共享储能发展的必要性

（1）有利于多能互补、开发利用可再生资源。青海水电资源丰富，全省理论蕴藏量 2187 万 kW，居全国第五位。太阳能、风能资源得天独厚，拥有可用于光伏和风电场建设的荒漠化土地 10 万 km²，其中光资源技术可开发量约 30 亿 kW，居全国第二；风资源技术开发量达 7555 万 kW。

适当发展一定规模的储能，有利于将风电、光伏、光热和储能结合，形成风、光、热、储多能互补的优化组合，有助于解决用电高峰期和低谷期电力输出不平衡的问题。提高能源利用效率。优化系统潮流分布。提高电压控制水平。增强电力输出功率的稳定性。优化新能源电力品质。提升电力系统消纳风电、光伏等间歇性可再生能源的能力和综合效益，促进开发利用青海省可再生资源。

（2）缓解因新能源大规模开发引起的电网消纳和送出问题。2020 年，青海电网总装机容量为 4468 万 kW，其中新能源装机容量 2814 万 kW，主要集中在海西州、海南州、海北州等地区。省内水电、火电等常规电源的调峰容量已无法满足现有新能源消纳需求，存在弃电问题。

根据国家能源发展战略，青海省立足资源优势，加快推进青海绿色能源示范省建设，大力开发海西州、海南州两个千万千瓦级清洁能源基地。海南州基地以光伏和水电为主，海西州基地以光伏、光热和风电为主，规划各配套建设一个特高压直流外送通道。根据现阶段电源组织方案研究成果，海西州直流外送电源主要由水电、光伏、风电、光热等清洁能源构成，青海电网将面临新能源渗透率高、调峰和电量平衡困难等问题。因此，以合理的电源组织方案，并配置相应规模的储能，通过特高压外送，有助于依托和提高青海电网多种电源互补调节能力，将青海省丰富的清洁能源输送至东部地区，解决青海电网的新能源消纳和送出问题，实现清洁能源在全国范围的优化配置。

（3）改善变电站负荷特性、提升区域供电可靠性。对青海省负载率较重、峰谷差较大的变电站，如果搭载一定容量的储能系统，可以实现移峰填谷、改善负荷特性，从而缓解变电站重载问题、减轻损耗、提高变电站设备利用率和供电可靠性，并可延缓或替代输变电扩建工程。对青海省偏远山区和农牧区、旅游景区等电网薄弱区域，就地发展风电、光伏等分布式能源，并配置一定规模的储能设备，开展风光柴储等综合能源模式，有利于提高区域供电可靠性，提升当地用电质量及生活便利性，促进当地社会和经济发展。

（4）响应国网公司对储能产业的支持。国家电网 2019 年 1 号文件明确提出，要建设枢纽型、平台型、共享型企业，在坚强智能电网基础上建设泛在电力物联网，共同构成能源流、业务流、数据流"三流合一"的能源互联网。积极推行综合能源服务领域，开展"三站合一"的建设思路，即将原变电站改造为变电站、充换电站（储能站）和数据中心站。可以明确国家电网对储能应用的重视，预计储能产业将进入国网的快速发展阶段。

1.3 储能技术的发展现状

1.3.1 国内外储能发展现状

当前，储能技术的发展格局呈现多元化，技术类别繁多，经过长期发展，储能技术主要分为电储能和热储能，未来应用于全球能源互联网的主要是电储能。按照储存介质进行分类，储能技术主要分为抽水蓄能和新型储能，新型储能涵盖机械储能、热储能、化学储能、电化学储能和电磁储能等。储能技术主要分类如图 1-1 所示。

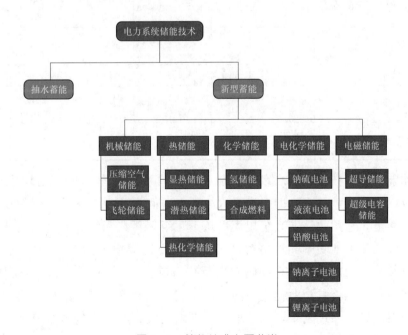

图 1-1　储能技术主要分类

每种储能技术都有其优势和不足，有其独特的适用场景。当多种储能技术在电网中互补应用时，其潜力可以得到充分发挥，是较为理想的应用方式，也是应对电网规模不断扩大、可再生能源发电大量接入、电网安全稳定和电能质量问题日益突出等问题的发展方向。

不同储能技术的能量密度、效率和成熟度等指标见表 1-2，显示了不同技术的特点。不同储能技术的优缺点见表 1-3。

表 1-2   不同储能技术的特点分析

技术路线		能量密度 /(W·h/kg)	功率密度 /(W/kg)	典型额定 功率 /MW	响应 时间	转换 效率 /%	循环 次数	寿命 /年	放电 时间	建设成本 /[元/(kW·h) 或元/kW]
电化学 储能	锂离子电池	150~250	150~315	<200	0.01~ 0.02s	85~98	>5000	8~20	0.3~ 6h	1200~2300
	全钒液流电池	40~130	50~140	<200	>0.02s	65~75	>13000	15~20	1.5~ 10h	3000~3500
	铅碳电池	40~60	200~350	<100	>0.02s	65~80	2000~ 4000	5~10	0.25~ 10h	1300~2000
	铅酸电池	30~50	—	<100	10s	65~80	500~ 1500	3~5	1~20h	500~1000
	钠硫电池	150~240	90~230	0.1~100	>0.02s	75~85	<2500	<8	0.7~8h	2200
物理 储能	抽水蓄能	0.5~1.5	—	100~5000	>10min	70~75	—	40~60	4~10h	5000~6000
	压缩空气储能	30~60	—	10~300	>0.5s	40~60	>5万	30~40	1~20h	2075
	飞轮储能	5~130	400~1600	0.005~3	0.02~ 60s	85~90	1万~ 10万	15~20	15s~ 15min	10000~40000
化学 储能	氢储能	—	—	1~200	—	35~55	—	10~20	—	3000~5000
热储能	光热储能	—	—	1~200	<10min	10~30	>75万	30~40	—	20000
电磁 储能	超导储能	0.5~5	500~2000	0.01~1	0.005~ 0.01s	90~98	>10万	—	2s~ 5min	9500
	超级电容储能	0.1~15	1000~ 18000	0.01~1	0.001~ 0.02s	>95	>5万	—	1~30s	9500

不同储能技术的技术成熟度以及储能系统规模对比如图 1-2 所示，抽水蓄能电站的技术成熟度最高，单座站的规模最大、放电时间最长；电化学储能的技术成熟度仅次于抽水蓄能，适用的储能系统规模可从千瓦级到百兆瓦级、放电时间从数分钟到数小时，其中液流电池功率和放电时间最长，锂电池规模逐渐向大型化发展。并且，电化学储能高效、功能多样、充放电双向反应、响应速度快、清洁、不受地域限制，可应用于多种场合，极具产业化应用前景。压缩空气储能也已开始规模化示范，其电转换效率相对较低、系统复杂，选址地质条件限制大，可以为电力系统运行提供转动惯量，随着其成本降低也具备一定的产业化应用前景。

表 1-3 不同储能技术的优缺点

技术路线		优点	缺点	安装难度	环境影响	应用场景
电化学储能	锂离子电池	响应时间短、能量密度高、效率高	成本相对较高	没有特别安装限制	制造过程可能产生污染	平滑新能源功率输出、辅助削峰填谷、黑启动
	全钒液流电池	功率和容量可独立配置，使用寿命长	能量密度低、效率低、体积大、成本高	占地面积较大	对环境影响较小	新能源调峰、备用电源、平衡负荷
	铅炭电池	技术较成熟，成本低	循环寿命短	没有特别的安装限制	潜在污染源	电能质量控制、系统备用电源、UPS
	铅酸电池	技术成熟，成本低，响应时间快	循环次数和能量密度低	没有特别安装限制	污染源	平滑可再生能源功率输出、黑启动
	钠硫电池	能量密度高、功率密度高	生产成本高，存在安全隐患	没有特别安装限制	制造过程存在可能污染环境	平滑负荷、备用负荷
物理储能	抽水蓄能	技术成熟，适于大规模，寿命长	响应慢，效率低	受地理资源限制	水库建设破坏生态环境	大型调峰电站
	压缩空气储能	适于大规模	效率低，成本高	受地理资源限制	对环境影响较小	调频、调峰、调压
	飞轮储能	功率密度大，响应速度快	能量密度小，成本高	没有特别安装限制	对环境影响较小	UPS、应急电源
化学储能	氢储能	电能存储时间长，存储能量大	成本高，稳定性差，综合利用效率低	没有特别安装限制	对环境影响较小	备用电源、平衡电力需求
热储能	光热	储存的热量可以很大	应用场合比较受限，成本高	没有特别安装限制	对环境影响较小	新能源调峰、平衡电力需求
电磁储能	超导储能	功率密度大，响应速度快	能量密度小，成本高	辅助设施较多	需要低温环境	UPS、暂态稳定性
	超级电容储能	功率密度大，响应速度快	能量密度小，成本高	没有特别安装限制	制造过程可能产生污染	与柔性交流输电技术相结合

氢储能是化学储能的一种，其应用需经过制备、储存、运输、供给四大环节。目前制氢方法主要有工业尾气提纯、天然气裂解、甲醇裂解和电解水等，建设成本较高，其中电解水制氢的成本最高，但制成的氢气纯度最高，其核心思想是利用多余的电力将水电解制成氢气并储存。当需要电能时，将储存的氢气通过不同方式（内燃机、燃料电池或其他方式）转换为电能进行应用。储氢环节的容量大小决定了氢储能系统可持续"充电"或"放电"的时长，是氢储能应用的关键环节之一，需要满足安全、高效、体积小、重量轻、成本低、密度高等要求。氢气的储存和输送几乎占总投资的一半，目前主要有高压储氢、液体储氢、金属氢化物储氢、有机氢化物储氢及管道运输氢等手段。氢储能目前面临的问题包括电解装置的价格昂贵、多个能量转化过

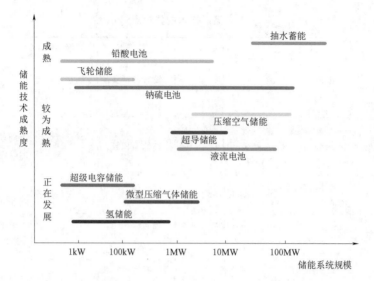

图 1-2　不同储能技术的技术成熟度以及储能系统规模对比

程、能量损失较高和设备资金投入较大等。氢储能系统关键技术环节的氢燃料电池和加氢站方面的示范工程，目前主要用于新能源汽车和分布式电源。根据专业机构预测，以目前的技术发展和成本控制水平，预计 2050 年氢储能才能实现真正普及。

此外，飞轮储能、超导储能和超级电容储能主要适用于调频、调峰、平滑功率波动、电能质量治理、UPS、交通设施制动能量回收等方面。以上储能技术均存在一定的缺点和局限性：飞轮储能成本高、储能容量小、自放电率高；超导储能和超级电容储能目前在国内均处于试验研究和小规模示范阶段，其能量小、密度低、成本高、受限于电池材料的发展。目前这几类储能技术成本均较高且下降趋势慢，短期内尚无法大规模应用。

根据中国能源研究会储能专委会/中关村储能产业技术联盟（CNESA）全球储能项目库的不完全统计，截至 2021 年年底，全球已投运电力储能项目累计装机规模209.4GW，同比增长 9%。其中，抽水蓄能的累计装机规模占比首次低于 90%，比去年同期下降 4.1 个百分点；新型储能的累计装机规模紧随其后，为 25.4GW，同比增长 67.7%，其中锂离子电池占据绝对主导地位，市场份额超过 90%。

2018—2021 年，全球电化学储能项目累计装机规模分别为 6.6GW、9.5GW、14.2GW、24.4GW，分别占已投运储能总规模的 3.7%、5.1%、7.5%、11.7%。全球投运的电化学储能项目中，锂离子电池的累计装机规模最大，2018—2021 年分别占比 86.0%、88.8%、92.0%、94.8%。在电化学储能市场中锂离子电池占据着绝对主导的地位，主要得益于在电动汽车的带动下，锂离子电池成本大幅降低，技术性能不断突破，推动着锂离子电池在全球范围内实现规模化应用。2018—2021年全球各类储能项目占比见表 1-4。2021 年全球各类储能项目总规模及规模占比如图 1-3 所示。

表1-4 2018—2021年全球各类储能项目占比 %

技术类别	2018年占比	2019年占比	2020年占比	2021年占比
抽水蓄能	94.0	93.4	90.3	86.2
电化学储能	3.6	4.5	7.5	11.7
熔融盐储能	1.5	1.6	1.8	1.6
飞轮储能	0.3	0.2	0.2	0.2
压缩空气储能	0.2	0.2	0.2	0.3

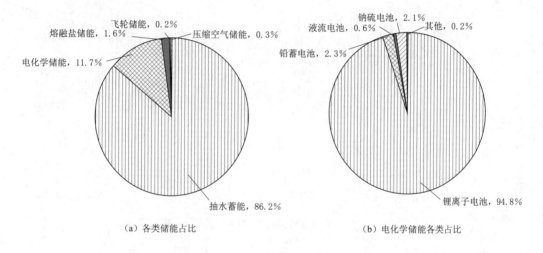

（a）各类储能占比   （b）电化学储能各类占比

图1-3 2021年全球各类储能项目总规模及规模占比

截至2021年年底，我国已投运电力储能项目累计装机规模46.1GW，占全球市场总规模的22%，同比增长30%。其中，抽水蓄能的累计装机规模最大，为39.8GW，同比增长25%，所占比重与去年同期相比再次下降，下降了3个百分点；市场增量主要来自新型储能，累计装机规模达到5729.7MW同比增长75%。2021年，我国新增投运电力储能项目装机规模首次突破10GW达到10.5GW。其中，抽水蓄能新增规模8GW，同比增长437%；新型储能新增规模首次突破2GW达到2.4GW，同比增长54%；新型储能中，离子电池和压缩空气均有百兆瓦级项目并网运行，特别是后者，在2021年实现了跨越式增长，新增投运规模170MW，接近2020年底累计装机规模的15倍。

2018—2021年，我国电化学储能项目累计装机容量分别为1040MW、1.6GW、3.3GW、5.6GW。在我国各类电化学储能技术中，锂离子电池的累计装机占比也最大，2018—2021年分别占比68.0%、80.6%、88.8%。2018—2021年我国各类储能项目占比见表1-5。2021年我国各类储能项目总规模及规模占比如图1-4所示。

表 1-5 2018—2021 年我国各类储能项目占比 %

技术类别	2018 年占比	2019 年占比	2020 年占比	2021 年占比
抽水蓄能	96.0	93.70	89.30	86.3
电化学储能	3.2	4.90	9.20	12.0
熔融盐储能	0.7	1.30	1.50	1.2
飞轮储能	0.0	0.02	0.01	0.1
压缩空气储能	0.1	0.08	0.03	0.4

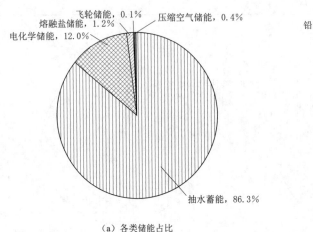

（a）各类储能占比

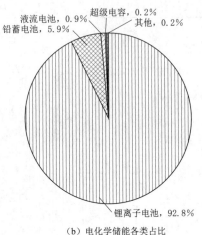

（b）电化学储能各类占比

图 1-4 2021 年我国各类储能项目总规模及规模占比

1.3.2 储能的发展现状

截至 2022 年年底，青海已并网电化学储能共计 56.1 万 kW/87.3 万 kW·h，其中电源侧储能 72.9 万 kW/60.9 万 kW·h，电网侧储能 13.2 万 kW/26.4 万 kW·h，主要分布在海西州和海南州地区，电源侧电化学储能包括格尔木时代新能源 15MW/18MW·h 储能项目、协和德令哈光伏电站 2MW/4MW·h 储能项目、黄河上游水电 20MW/16.7MW·h 储能示范项目、鲁能多能互补电站 50MW/100MW·h 储能项目、三峡锡铁山风储 12MW/12MW·h 等；电网侧电化学储能为格尔木美满储能电站 32MW/64MW·h、格尔木宏储源 100MW/200MW·h 储能电站。省内电化学储能主要应用于解决光伏消纳问题，并具备调峰、备用等功能。已并网热储能共计 210MW，储热时长 6～9h，全部位于电源侧，主要分布在海西州、海南州地区，包括中广核德令哈导热油槽式 50MW、中控德令哈熔盐塔式 50MW＋10MW 示范、中电建共和熔盐塔式 50MW、鲁能海西多能互补示范工程 50MW。抽水蓄能电站暂无并网，目前处于规划中的有哇让抽水蓄能电站、黄河上游梯级储能泵站和三峡集团格尔木南山口抽水蓄能电站，其中哇让抽水蓄能电站规划容量 280 万 kW（预可研规模 240 万 kW）。

1. 抽水蓄能

2018年2月，《青海省抽水蓄能电站选点规划报告》通过专家评审。该报告通过分析青海省清洁能源开发布局以及新能源外送需求，提出了青海抽水蓄能电站总体规模需求。同时，在全省站点资源普查、规划勘察设计基础上，提出了比选和推荐站点；经技术经济综合比较，推荐"贵南哇让（240万kW）、格尔木南山口（240万kW）"为"十四五"规划站点，力争"十四五"期间开工建设。

2019年1月，根据《国家能源局关于青海抽水蓄能电站选点规划有关事项的复函》（国能函新能〔2019〕6号）："为做好青海抽水蓄能电站的规划建设，规范项目前期工作，确保抽水蓄能电站有序开发和电网安全经济稳定运行，总体同意青海抽水蓄能电站选点规划成果及审查意见。同意在初选贵南哇让、格尔木南山口、共和多隆、化隆上佳、尖扎古浪笛、乐都南泥沟、贵南龙羊峡作为比选站点的基础上，确定贵南哇让（拟装机容量240万kW）站点为青海电网2025年新建抽水蓄能电站推荐站点。拟推荐的格尔木南山口（拟装机容量180万kW）站点因单位投资指标相对较高，各方面意见还不一致，仍需进一步优化论证，暂不列入规划推荐站点"。目前抽水蓄能电站项目本体的可研和核准等工作均尚未开展，预计"十五五"期间才能投运。

2. 光热储能

目前青海省已并网光热发电项目4个，规划建设项目2个，青海省光热项目建设进度见表1-6。

表1-6　　　　　　　　　青海省光热项目建设进度

序号	项目名称	技术路线	系统转换效率 （企业承诺）/%	建设进度
1	中广核太阳能德令哈有限公司导热油槽式5万kW光热发电项目	导热油槽式， 9h熔融盐储热	14.03	已并网
2	青海中控太阳能发电有限公司德令哈熔盐塔式5万kW+1万kW光热发电项目	熔盐塔式， 6h熔融盐储热	18.00	已并网
3	中国电建西北勘测设计研究院有限公司共和熔盐塔式5万kW光热发电项目	熔盐塔式， 6h熔融盐储热	15.54	已并网
4	鲁能海西多能互补示范工程5万kW光热发电项目	熔盐塔式， 12h熔融盐储热	29.00	已并网
5	国电投黄河上游水电开发有限责任公司德令哈水工质塔式13.5万kW光热发电项目	水工质塔式， 3.7熔融盐储热	15.00	规划
6	众控德令哈熔盐塔式13.5万kW光热发电项目	熔盐塔式， 7h熔融盐储热	24.00	规划

其中青海省三个典型光热储能发电项目见表1-7，建设成本约2.2万~3.4万元/kW、3600~4000元/（kW·h）。根据欧洲光热发电协会发布的《光热发电2025》，到2025年光热储能发电成本有望比2010年下降40%~55%。

表 1-7   青海省三个典型光热储能发电项目

项目	中广核德令哈槽式光热发电项目	中控德令哈塔式光热发电项目	中国电建共和塔式光热发电项目
地点	海西州德令哈市太阳能工业园区	海西州德令哈市太阳能工业园区	海南州共和县生态太阳能发电园区
技术	抛物面槽式导热油太阳能热发电	熔盐塔式太阳能热发电	熔盐塔式太阳能热发电
储热时间/h	9	6	6
光电系统转换效率/%	14.03	18.00	15.54
占地面积/km²	2.6	2.4	3.15
采光面积/万 m²	62	55	51.6
发电装机容量/MW	50	50	50
总投资/亿元	17	10.88	11.94
占地水平/(m²/kW)	52	48	63
年发电量/(亿 kW·h)	1.98	1.36	1.569
投资水平/(万元/kW)	3.4	2.2	2.4
投资水平/[元/(kW·h)]	3778	3627	3980
备注	已并网	已并网	已并网

3. 电化学储能

青海省大型风光基地众多，多种电池路线获得了同台竞技的机会。目前青海省已建的电化学储能电站，多集中在电源侧，主要用于减少弃风和弃光，跟踪计划出力、提高电站实际出力与功率预测曲线的准确度，平滑功率波动、提高发电质量等。国网青海省电力公司推动和参与了电网侧和电源侧储能项目。截至 2022 年，青海省部分已建和规划电化学储能项目见表 1-8。

表 1-8   青海省部分已建和规划电化学储能项目

项目名称	储能规模	电池路线
鲁能海西多能互补示范项目	50MW/100MW·h	磷酸铁锂电池
华能格尔木时代光伏电站配套储能项目	15MW/18MW·h	锂离子电池
德令哈协鑫光伏电站配套储能项目	2MW/4MW·h	锂离子电池
莫合风电场配套储能项目	36MW/76.5MW·h	磷酸铁锂电池
那仁风电场配套储能项目	8.5MW/20MW·h	磷酸铁锂电池
永源光伏电站配套储能项目	16.5MW/16.72MW·h	磷酸铁锂电池
红旗一光伏电站配套储能项目	198.45MW/198.45MW·h	磷酸铁锂电池
红旗二光伏电站配套储能项目	3MW/2.6MW·h	磷酸铁锂电池
红旗三光伏电站配套储能项目	3MW/2.6MW·h	磷酸铁锂电池
格尔木美满闵行储能电站	32MW/64MW·h	磷酸铁锂电池

项 目 名 称	储 能 规 模	电 池 路 线
海南州竞价光伏项目海南州 2020—14 号地块配套储能	6MW/10MW·h	磷酸铁锂电池
海南州竞价光伏项目海南州 2020—15 号地块配套储能	6MW/10MW·h	磷酸铁锂电池
海南州竞价光伏项目海南州 2020—16 号地块配套储能	6MW/10MW·h	磷酸铁锂电池
海西州 2020 年光伏竞价项目集中共享储能电站	20MW/40MW·h	锂离子电池
海南州 2020 年光伏竞价项目集中共享储能电站	65MW/130MW·h	锂离子电池
海博思创宏储格尔木储能电站	100MW/200MW·h	锂离子电池

第 2 章

储能的技术分类与电站特点

2.1 储能的技术分类

储能技术是一种通过装置或物理介质将能量储存起来以便以后需要时利用的技术，主要指电能的储存。储能技术按照储存介质进行分类，可以分为机械类储能、电磁储能、热储能、电化学储能等。

2.1.1 机械储能

机械储能主要有抽水蓄能、压缩空气储能以及飞轮储能等。

1. 抽水蓄能

抽水蓄能电站一般利用电力负荷低谷期的电能把水抽至上游水库，在电力负荷高峰期再放水至下游水库发电。抽水蓄能的效率为 $70\%\sim85\%$，响应时间为 $10\sim240s$，具有大容量低成本的特点。但是，由于抽水蓄能电厂的建设需要特殊地理条件，建设周期需要 $7\sim8$ 年，目前主要用于电网调峰和新能源接入等领域。此外，抽水蓄能电厂响应时间为分钟级，对于功率波动频繁或需要紧急提供电力的场景并不适用，抽水蓄能原理如图 2-1 所示。

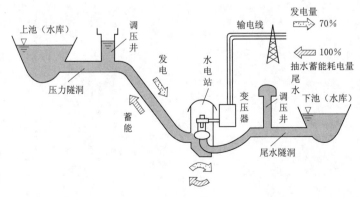

图 2-1 抽水蓄能原理图

我国已建和在建抽水蓄能电站主要分布在华南、华中、华北、华东等地区，以解决电网的调峰问题，按照国家"十三五"能源发展规划要求，"十三五"期间新开工抽水蓄能 6000 万 kW，规划 2025 年达到 9000 万 kW 左右。

2. 压缩空气储能

压缩空气储能电站主要由压气机、储气室、电动机/发电机等部分组成。压缩空气储能电站是一种调峰用燃气轮机发电厂，主要是利用电网负荷低谷期剩余的电力压缩空气，将其储存在高压密封的容器内，在用电高峰期再释放空气来驱动燃气轮机发电，压缩空气储能原理示意图如图 2-2 所示。但传统压缩空气储能系统存在以下三个技术瓶颈：①依赖天然气等化石燃料提供热源，不适合我国这类"缺油少气"的国家；②需要特殊地理条件建造大型储气室，如高气密性的岩石洞穴、盐洞、废弃矿井等；③系统效率较低（Huntorf 和 McIntosh 电站效率分别为 42% 和 54%），需进一步提高。全球投运的压缩空气储能类型包括传统洞穴式压缩空气、先进绝热压缩空气以及液化压缩空气。压缩空气储能项目主要分布在英国、德国和美国，中国、荷兰、瑞士有小规模项目示范。

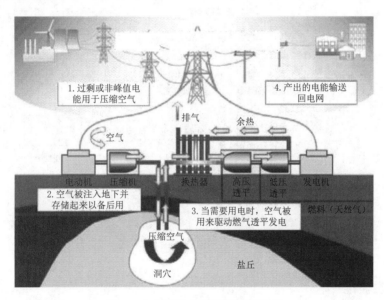

图 2-2 压缩空气储能原理示意图

3. 飞轮储能

飞轮储能是指利用电动机带动飞轮高速旋转，在需要的时候再用飞轮带动发电机发电的储能方式，一般由转子系统、轴承系统和电动机/发电机系统、真空、外壳和控制系统等组成。飞轮储能的主要优点包括：高充放电率、高循环次数、转换效率大于 90%、响应速度快、几乎不需要运行维护等。由于充放电率对循环次数没有影响，飞轮的循环次数可以达到 105～107 次，寿命一般为 20 年。目前飞轮储能在新能源中的应用

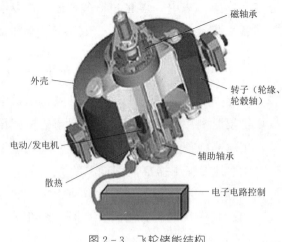

图 2-3　飞轮储能结构

是研究热点之一，主要将飞轮储能应用在平滑出力、调节电能质量等方面。在国内，代表项目有国家电网有限公司保定工业园区 0.1MW 微网示范工程、中原油田首台兆瓦级飞轮储能新型能源钻机混合动力系统及西宁韵家口风光水储智能微电网 0.5MW 示范项目。国内主要研究机构包括清华大学、华北电力大学、浙江大学、中国科学院等单位。飞轮储能结构如图 2-3 所示，飞轮储能原理示意如图 2-4 所示。

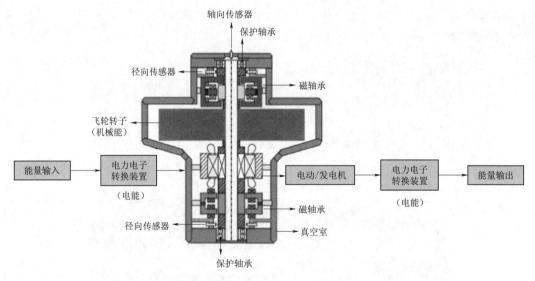

图 2-4　飞轮储能原理示意图

2.1.2　电磁储能

电磁储能主要包括超导储能和超级电容储能。

1. 超导储能

超导储能主要由超导单元、低温恒温器和转换系统三部分组成。超导储能系统利用由超导体制成的线圈，将电能转变为磁场能量存储起来，在需要的时候再将能量送回电网。超导储能具有长期无损存储能量的优点，能快速释放储存能量，易于实现电网电压、频率、有功和无功的调节。大规模可再生能源接入电网会使得电力系统出现严重的波动问题，为了抑制功率波动，可以应用超导磁储能系统。目前，国内 2011

年在甘肃白银建成 1MJ/500kVA 超导储能电站，用以提高电能质量，提高系统稳定性。但超导储能价格较为昂贵，尚未大规模投入商业运用。

2. 超级电容储能

超级电容储能是根据电化学双电层理论研制而成，可提供强大的脉冲功率，充电时处于理想极化状态的电极表面，电荷将吸引周围电解质溶液中的异性离子，使其赋予电极表面，形成双电荷层，构成双层电容。超级电容储能的比功率非常高，达到 10kW/kg，而蓄电池的比功率一般只有几百瓦每千克，但是因为比能量低，高功率只能持续很短的一段时间。由于高功率和高快速放电能力，并且每天的储存损耗在 20%～40%，超级电容储能适合作为能量暂时存储单元。就目前的应用而言，主要制约因素依然是较小的容量和相对高昂的成本。目前国外对超级电容储能研究较为深入，美国和德国等已经建成兆瓦级超级电容储能电站，但国内仍然处于实验研究阶段。由中国科学院电工所承担的 863 项目"可再生能源发电用超级电容器储能系统关键技术研究"通过专家验收，该项目完成了用于储能发电系统的 300W·h/kW 超级电容器储能系统的研究开发。

2.1.3 热储能

热储能是在一个热储能系统中，热能被储存在隔热容器的媒质中，以后需要时可以被转化为电能，也可直接利用而不再转化为电能。热储能有许多不同的技术，可进一步分为显热储存和潜热储存。显热储存方式中，用于储热的媒质可以是液态的水，热水可直接使用，也可用于房间的取暖等，运行中热水的温度是有变化的，而潜热储存是通过相变材料来完成的，该相变材料即为储存热能的媒质。

目前应用较为广泛的热储能方式为光热储能，主要形式有槽式、塔式、碟式三种，其中塔式应用最为广泛。光热储能采用的媒质大多为熔盐，通过采用熔盐作为储热、换热介质的光热储能可实现连续发电，具备灵活的调峰能力，减少对电网的冲击，大幅提高电网消纳能力。但是其运行温度高、温差大、腐蚀性强，工作过程复杂多变，承载系统膨胀热变形等极端工况对设备的设计和制造提出了很高的要求。光热塔式中使用的熔盐储热系统示意图如图 2-5 所示。

2.1.4 电化学储能

化学储能的实质是化学物发生可逆的化学反应来储存或释放电能。根据化学物质的不同，可以分为铅酸电池、液流电池、钠硫电池、锂离子电池等。

1. 铅酸电池

铅酸电池用作储能系统时间较早，因而世界各地都建成了许多基于铅酸电池的储能系统，目前中国已经成为世界铅酸电池的主要产地。铅酸电池具有容量大，成本

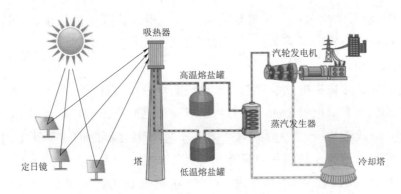

图 2-5　光热塔式中使用的熔盐储热系统示意图

低、技术成熟的优点，但其充放电次数较短，特别是进行了多次深度充放电后会对电池寿命有影响。目前铅酸电池储能电站主要用来进行可再生能源的功率波动平抑以及黑启动等。

截至 2020 年年底，全球铅蓄电池储能项目累计装机容量 497MW。我国铅蓄电池储能项目累计装机容量 333.5MW，并保持持续增长态势。铅蓄电池储能项目各类应用场景中，分布式及微网、用户侧所占比例之和达到 96%。综合考虑铅蓄电池技术特点、我国分布式及离网电站、启停电源、数据中心、后备电源市场发展现状，在未来几年，铅蓄电池在上述应用领域仍将保持一定发展速度。

2. 液流电池

液流电池一般称为氧化还原液流电池，是一种新型的大型电化学储能装置，根据活性物质的不同，液流电池可分为全钒、锌/溴、多硫化钠/溴、铁/铬等多种技术路线。从目前技术成熟度和工程应用效果看，全钒液流电池技术进入工程应用与市场开拓阶段，开始实现商业化；锌溴液流电池技术进入应用示范与市场开拓阶段；其他液流电池仍处于研究阶段。其中应用最为广泛、前景最为明朗的是全钒液流电池，它有如下技术特点：①循环寿命长，全钒液流储能电池的充放电循环寿命可达 13000 次以上，寿命超过 15 年；②充放电特性良好，全钒液流电池储能系统具有快速、深度充放电而不会影响电池的使用寿命的特点，且各单节电池均一性良好；③钒离子的电化学可逆性高，电化学极化也小，因而非常适合大电流快速充放电；④安全、环保，全钒液流电池储能系统是在常温、常压条件下工作，这不但延长了电池部件的使用寿命，并且表现出非常好的安全性能。另外电解质溶液可循环使用和再生利用、环境友好、节约资源。电池部件多为廉价的碳材料及工程塑料，使用寿命长、材料来源丰富、加工技术成熟、易于回收。但液流电池能量密度低，占用空间大，目前还刚刚处于商业化阶段。截至 2020 年年底，全球液流电池储能项目累计装机容量达到 99.4MW。

3. 钠硫电池

钠硫电池是一种以金属钠为负极、硫为正极、陶瓷管为电解质隔膜的二次电池。

在一定工作温度下，钠离子透过电解质隔膜与硫之间发生可逆反应，形成能量的释放和储存。钠硫电池比能量高，并且可大电流、高功率放电。电池在 350℃ 下的工作电压为 $1.78\sim2.076V$。钠硫电池储能密度高，建设周期短，但由于电池工作时温度较高，因而其运行安全性需要进一步提高。目前，日本 NGK 公司在钠硫电池研发、生产、运营等方面占有较大市场比例，国内在关键技术以及小批量商业化上取得了突破。2007 年 1 月 2 日，第一只容量达到 650Ah 的单体钠硫电池制备成功，在同年 5 月开展钠硫电池工程化技术研究，同时成立上海钠硫电池研制基地，实行准公司化运行。2010 年 4 月，在上海漕溪能源转换综合展示基地建成国内第一座 100kW/800kW·h 的钠硫储能电站，主要作为示范研究，为后续大规模化探索经验。截至 2020 年年底，全球钠硫电池储能项目累计装机容量达到 511.2MW。

4. 锂离子电池

锂离子电池具有储能密度高、储能效率高、自放电小、适应性强、循环寿命强等优点，得到了快速发展。近年来，随着锂离子电池制造技术的完善和成本的不断降低，许多国家已经将锂离子电池用于储能系统，其研究也从电池本体及小容量电池储能系统逐步发展到应用于大规模电池储能电站的建设应用。

对于锂离子电池，目前使用较为广泛的是磷酸铁锂电池，生产磷酸铁锂的电池厂家较多，供货量充足，技术也较为成熟。

截至 2020 年年底，全球电化学储能的累计装机容量达到 14.2GW，同比增长 49.6%。其中，锂离子电池的累计装机容量最大，达到了 13.1GW；我国电化学储能项目累计装机容量为 326.92 万 kW，其中，锂离子电池的累计装机容量最大，达到了 290.30 万 kW。

现阶段化学储能技术应用较为超前的国家，其锂离子电池的装机容量都较大，且均在快速提升。其中，美国锂离子电池项目以三元锂和磷酸铁锂为主；日本、韩国、德国、英国、澳大利亚以日韩系锂离子电池技术为主，大多偏向三元系；中国则以磷酸铁锂为主。

长远来看，锂离子电池在各个应用场景的装机增长将受技术发展水平、政策导向、市场机制、安全性等综合因素决定，随着电池成本的快速下降，未来 $3\sim5$ 年锂离子电池发展潜力巨大。

2.1.5 电化学储能

氢燃料电池是将氢气和氧气的化学能直接转换成电能的发电装置。其基本原理是电解水的逆反应，把氢和氧分别供给阳极和阴极，氢通过阳极向外扩散和电解质发生反应后，放出电子通过外部的负载到达阴极。它与蓄电池的区别：蓄电池是一种储能装置，是将电能储存起来，需要时再释放出来；而氢燃料电池则是一种发电装置，类似于发电厂，是将化学能直接转化为电能的电化学发电装置，氢燃料电池原理图如图 2-6 所示。

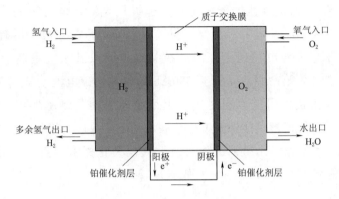

图 2-6　氢燃料电池原理图

氢燃料电池有无污染、无噪声、高效率和高能量密度的特点，但在目前的技术条件下，氢燃料电池的大量应用还存在制氢成本偏高、氢气运输储存困难、氢气的不稳定性等技术局限，所以目前还没有大规模应用。

针对制氢问题，由于太阳能、风能等发电具有不稳定性，所以目前的措施是将电能储存起来，而实际上将这些电能直接进行电解水制氢也是一种良策，这样便形成了太阳能/风能—电能—氢能—电能的转化路径，全程无污染，还能充分利用太阳能和风能。

作为真正意义上"零排放"的清洁能源，氢燃料电池目前所处的产业状态还比较初级，但在发达国家的应用正在提速。据不完全统计，目前，全球已有 13 座共计 20.5MW 氢储能示范电站，主要分布在德国、意大利、英国、挪威等。

我国氢储能仍处于初期阶段，参与机构主要以北京有色金属研究总院（现更名为中国有研科技集团有限公司）、浙江大学、北京大学、国家电网有限公司、国家能源集团等机构，与此同时，民营企业开始快速加入此领域。

2.1.6　储能技术特点

各种典型储能技术比较表见表 2-1，其对各种储能技术的典型额定功率、持续时间、主要优缺点和应用方向等进行了总结。

表 2-1　　　　　　　　　各种典型储能技术比较表

储能类型	典型额定功率	持续时间	主 要 优 点	主 要 缺 点	应 用 方 向
抽水蓄能	100～2000MW	4～10h	大功率、大容量、低成本	受地理条件限制	辅助削峰填谷、黑启动和备用电源
飞轮储能	5kW～10MW	1s～30min	高功率密度、长寿命	低能量密度	提高电力系统稳定性、电能质量调节等

储能类型	典型额定功率	持续时间	主 要 优 点	主要缺点	应 用 方 向
压缩空气储能	10～300MW	1～20h	大功率、大容量、低成本	效率低	备用电源、黑启动等
超级电容器	10kW～1MW	1～30s	高能量转换效率、长寿命、高功率密度	低能量密度	短时电能质量调节、平滑可再生能源功率输出
超导储能	10kW～50MW	2s～5min	响应速度快	低能量密度、高制造成本	电能质量调节、提高电力系统稳定性和可靠性等
铅酸电池	100kW～100MW	数小时	低成本	深度充放电时寿命较短	平滑可再生能源功率输出、黑启动
锂离子电池	100kW～100MW	数小时	大容量、高能量密度、高功率密度、高能效率	安全性、生产成本高	平滑可再生能源功率输出、辅助削峰填谷、电能质量调节等
钠硫电池	100kW～100MW	数小时	大容量、高能量密度、高功率密度、高能效率	安全性问题	平滑可再生能源功率输出、辅助削峰填谷
液流电池	5kW～100MW	1～20h	大容量、长寿命	低能量密	辅助削峰填谷、平滑可再生能源功率输出

　　各种储能电池在能量密度、功率密度、响应速度和储能系统容量规模等方面均具有不同的表现，同时电力系统也对储能系统的各种应用提出了不同的技术要求。因而必须兼顾各方面需求，选择合适的储能方式应用于电力系统中。

　　对于超级电容储能，其制约因素主要是能量密度较低，较低的容量以及相对较高的成本。对于超导储能，其成本较高，系统复杂。这两种储能方式在国内均没有较大的储能电站应用。

　　电化学储能规模目前在不断扩大中，并且各种电化学储能均具有兆瓦级电站运行，在世界各地得到了广泛的应用，国内电化学储能厂商较多，市场供应量充足。

　　对于各种电化学储能的能量密度、充放电效率、循环次数、循环效率等方面，具体见表 2-2 所示。

表 2-2　　　　　　　　　　　各种电化学储能比较表

项　　目	锂离子电池	铅酸电池	钠硫电池	液流电池
能量密度/（W·h/kg）	150～200	35～50	100～150	25～40
充放电效率	＞90%	50%～75%	65%～80%	65%～80%
循环次数/次	可达8000	500～1500	2500～4500	＞16000
循环寿命/年	5～10	3～5	5～10	10～20
工作温度/℃	-30～60	-5～40	300～600	0～45
自放电/（%/月）	0～1	2～5	无自放电	无自放电
主要特点	能量密度大、可快速充放电，使用寿命长，没有环境污染	成本低，技术成熟，但寿命短	储能密度高，建设周期短，但高温条件、运行安全有待提高	运行稳定，可深度放电，但能量密度低，占用空间大

对于各种电化学储能，铅酸电池成本低、技术成熟，但是寿命短，充放电次数低。钠硫电池目前还处于试运行阶段，国内几乎没有工程实际运行。氢燃料电池目前也没有广泛应用在储能项目。而锂离子电池能量密度大、可快速充放电，使用寿命长，没有环境污染。

2.2 锂离子电池的分类

锂离子电池为兆瓦级储能应用的主流类型，主要有磷酸铁锂离子电池、钛酸锂离子电池、三元锂离子电池三种。

1. 磷酸铁锂离子电池

目前，作为锂离子电池正极材料之一的磷酸铁锂（LiFePO₄）来源广泛、价格便宜、热稳定性好、无吸湿性、对环境友好。磷酸铁锂离子电池是各种二次电池中产业链发展最为成熟的一种，也是最具潜力的一种先进储能电池。具有工作电压高、能量密度较大、循环寿命足够长、自放电率小、无记忆效应、绿色环保等一系列优点，并且支持无级扩展，适合于大规模电能储存，在可再生能源发电安全并网、电网调峰调频、分布式电站和 UPS 电源等领域有着良好的应用前景。

在磷酸铁锂离子电池储能应用方面，美国处于领先位置。美国电科院在 2008 年就已经进行了磷酸铁锂离子电池的相关测试工作，并开展了锂离子电池用于分布式储能的研究和开发，同时，开展了兆瓦级锂离子电池储能系统的示范应用，主要用于电力系统的频率和电压控制以及平滑风电等。

近年来，我国以比亚迪、ATL/CATL 公司为代表的电池企业十分注重锂离子电池储能的电力应用。自 2009 年 7 月在深圳建成我国第一座 1MW/4h 磷酸铁锂离子电池储能电站后，我国各地已经建成多座储能电站，应用于电网侧调频、调峰，用户侧削峰填谷等，其中多数为磷酸铁锂离子电池储能系统。

综上所述，磷酸铁锂离子电池因其循环寿命足够、安全可靠性高的优势，已在储能领域获得应用认可。

2. 钛酸锂离子电池

自从锂离子电池在 1991 年产业化以来，电池的负极材料一直以石墨为主。钛酸锂作为新型锂离子电池的负极材料，由于其多项优异的性能而受到重视，成为近年来研究较多的负极材料。钛酸锂材料具有超高安全性、超长寿命、高低温工作范围宽、高功率以及绿色环保等优势。由于钛酸锂材料的能量密度较低，同时由于其吸水性强等特点，钛酸锂材料对电池制作的环境要求较高。因而目前，钛酸锂离子电池的应用市场尚未完全打开。

国外对钛酸锂离子电池的研究工作比较靠前，美国 Altarinano 公司开发出的

50Ah 钛酸锂离子储能电池，常温 100％DOD，2C 充放电循环 4000 次，容量几乎无衰减，寿命超过 12000 次，日历寿命达到 20 年，2010 年美国 Altarinano 公司研制的 20MW 电力调节系统由 20 个 1MW 的储能电池组成，应用于风电场调频。

日本东芝公司采用自主生产的钛酸锂，开发出 42Ah "SCiB" 锂离子电池。该电池具有出色的快速充电性能和长寿命性能，在快速充放电条件下，10C 反复充放电约 3000 次，容量只降低不到 10％。该公司的锂离子充电电池 "SCiB" 已被本田电动汽车 "飞度 EV" 采用。

在国内，北京科技大学和中信国安盟固利动力有限公司等单位开展了软包装钛酸锂/锰酸锂电池研究工作。分析了钛酸锂/锰酸锂电池在充放电过程中产生的气体成分，研究了影响钛酸锂电池胀气的因素，进一步开发出性能优越的 35Ah 软包装钛酸锂/锰酸锂电池，该电池常温 1C 循环 3000 次后容量保持 87％，高温 55℃，1C 循环 1300 次后仍能保持 85％的初始容量，并具有良好的倍率和搁置性能。

综上所述，钛酸锂离子电池具有充放电响应速度快、倍率特性好、寿命超长等优点。由于钛酸锂离子电池在充放电过程中容易发生胀气且吸水性强，成本居高不下，导致钛酸锂离子电池大规模商业应用受限。

3. 三元锂离子电池

三元锂离子电池一般是指使用锂镍钴锰三元材料为正极材料的电池。三元材料综合了镍酸锂、钴酸锂、锰酸锂三类材料的优点，具有容量高、能量密度高、成本低、循环性能好、宽温性能好、倍率高等特点。但在制作三元锂的原材料——钴金属有毒，电池分解时产生氧气，安全性不好管理等，在储能应用业界中有疑虑。

锂离子电池技术特性对比表见表 2-3，可以看出，各种锂离子电池技术优缺点并存，这也是因为材料科学的复杂性而导致的。电池技术的本质是材料学，一般情况下，新出现的电池材料比旧材料要先进，但因其工程级应用少，有不完善的地方，成熟度与安全性相对较差。

共享储能以技术成熟性及安全性为首要考虑因素，考虑到储能系统对电池的安全性、循环寿命、成本和倍率性能要求较高，三元锂离子电池存在安全隐患，国内山西某电厂发生过三元锂离子电池火灾事故；钛酸锂离子电池成本较高（2~3 倍于普通锂离子电池），能量密度低导致占地面积大，因而选用目前最为成熟安全的磷酸铁锂离子电池。

表 2-3　　　　　　　　　锂离子电池技术特性对比表

电芯参数	磷酸铁锂离子电池	钛酸锂离子电池	三元锂离子电池
额定电压/V	3.2	2.3	3.7
能量密度/(W·h/kg)	120~140	90~100	135~165
运行温度/℃	充电：0~55 放电：-20~55	-10~35	-25~50

续表

电芯参数	磷酸铁锂离子电池	钛酸锂离子电池	三元锂离子电池
存储温度/℃	−30～60	−30～55	−40～60
循环寿命/次	3500～5000	5000～12000	4000～10000
电芯材料热稳定性	热分解温度 800℃ 左右，材料挤压测试现象是冒烟	挤压测试时不冒烟、不起火、不爆炸，热稳定性好	热分解温度 200℃，分解时反应剧烈，会产生氧气，材料挤压测试现象为剧烈爆炸
价格/[元/(W·h)]	1.8～2.2	3～5	1.6～2.0
特点	优点：安全稳定性好、循环寿命足够长、能量密度较大、环保等； 缺点：充放电倍率不高、电池一致性不好、对 BMS 要求高等	优点：充放电响应速度快、倍率特性好、寿命超长、宽温性能好、安全性好等； 缺点：平台电压低、能量密度低、易吸水、易胀气、技术厂家比较少、性价比不好等	优点：容量高、能量密度高，成本低、循环性能好、宽温性能好，倍率高等； 缺点：不环保，分解时产生氧气，安全性不好管理等

2.3 储能电站的特点分析

2.3.1 抽水蓄能电站

1. 技术特点

抽水蓄能电站又称为蓄能式水电站，简称抽蓄电站，通常由一定高度差的上下两个水库构成。在用电高峰时段，抽蓄电站机组从上水库放水发电，为电网补充电力；在用电低谷时段，抽蓄电站利用电网中多余的电力，将下水库的水抽入上水库，将盈余电能转化为水的重力势能。按照有无天然径流，分为常规的纯抽蓄电站和混合式抽蓄电站。抽蓄电站一般规模较大，对主干电网平衡有直接支持作用，调峰功能强，可用于调峰发电厂、日负荷调节、频率控制和系统备用，是目前容量占比最大的储能手段。

由于单座抽蓄电站装机容量较大，总占地面积大，且对生态资源影响较大；项目前期建设周期长，一个项目从预可行研究到建成投产正常情况下需要 7～8 年时间，成本 5000～6000 元/kW。

2. 发展趋势

2015—2020 年，全球抽水蓄能的累计装机容量呈增长趋势。截至 2020 年年底，全球抽水蓄能累计装机容量为 172.5GW，同比增长 0.9%。在全球储能市场上占据绝对领先地位。我国抽水蓄能的累计装机容量达到 31.79GW，同比增长 4.9%，在我国储能市场中，抽水蓄能的累计装机容量最大，占比达到了 89.3%。

3. 相关政策

随着我国新能源的大规模开发利用，抽蓄电站的配置由过去单一的侧重于用电负荷中心逐步向用电负荷中心、能源基地、送出端和落地端等多方面发展。为推进抽水蓄能快速发展，适应新型电力系统建设和大规模高比例新能源发展需要，国家能源局发布《抽水蓄能中长期发展规划（2021—2035年）》，规划指出：到2025年，抽水蓄能投产总装机容量较"十三五"翻一番，达到6200万kW以上；到2030年，抽水蓄能投产总装机容量较"十四五"再翻一番，达到1.2亿kW左右；到2035年，形成满足新能源高比例大规模发展需求的、技术先进、管理优质、国际竞争力强的抽水蓄能现代化产业，培育形成一批抽水蓄能大型骨干企业。

由于电源结构、负荷特性、电力供需状况和电力保障需求的实际情况存在差异，不同电网抽蓄电站实际发挥的作用各有侧重，不能一概而论，需要分类管理利用。对于我国西北地区，由于经济快速发展，电力负荷持续增长，峰谷差将逐步增大。同时，西北地区风力、光伏等清洁能源发电工程建设规模快速增加，对电力系统安全可靠运行提出了更高要求。为此，《抽水蓄能中长期发展规划（2021—2035年）》中提出，中长期规划布局重点实施项目340个，总装机容量4.21亿kW，其中西北地区近1亿kW，抽水蓄能电站将成为西北地区新能源大规模、高质量发展的重要支撑。

2016年8月，西北地区首个抽蓄电站工程——陕西镇安抽水蓄能电站召开工程开工动员会，装机容量为140万kW，计划于2023年竣工投产。就整体发展状况而言，西北地区抽水蓄能电站规模仍具有较大缺额。

2.3.2 光热储能电站

1. 技术特点

光热储能发电技术，是一个将太阳能转化为热能，再将热能转化为电能的过程，其原理是利用聚光镜等聚热器采集太阳热能，将传热介质加热到数百摄氏度，使传热介质经过换热器后产生高温蒸汽，从而带动汽轮机产生电能。光热储能电站的发电部分基本组成与常规发电设备类似，传热介质多为导热油或熔盐。

光热储能电站一般由太阳岛（用来聚光收集热量）、传储热岛（用于热量传输和储存）和常规岛（也称为发电岛，用于发电）三个岛组成。由于储能装置的加入，发电部分可以不受日照瞬息性的变化而连续稳定发电。依照聚焦方式及结构的不同，光热技术可以分为塔式、槽式、碟式和菲涅尔式四种，已达到商业化应用水平的主要有塔式、槽式两种。

2016年9月14日，国家能源局正式发布了《关于建设太阳能热发电示范项目的通知》（国能新能〔2016〕223号），共20个项目入选国家首批光热发电示范项目名单，在国内首批20个光热发电示范项目中，18个采用熔盐储能；已备案新增92个光热发电站清单中，86个采用熔盐储能。光热电站对外部环境温度没有特别要求；塔式光热电站熔盐的工作温度一般为550～600℃，槽式光热电站一般不超过400℃；此外，为避免在没有阳光照射的情况下发生熔盐冻堵造成能量损耗，一般熔盐的工作温度不应低于300℃，否则需要通过解冻加热装置对导热介质、储热介质进行预热。

光热储能电站建设投资目前还处在较高水平，由于储能系统选用的技术类型和匹配容量的不同，其在光热电站总成本中所占比例为10%～20%。光热储能发电可用于调频、调峰，电力输出稳定，其站址对光照、太阳辐射、场地坡度条件要求高，因此雨少、雾少、晴天较多、地势平坦开阔的西部地区以及较平整的荒漠和沙漠化土地，这些区域通常适宜大规模开发风力发电或光伏发电。

2. 发展趋势

作为可再生能源发电技术之一，光热储能发电可通过太阳能冷热电联供技术的突破来推进分布式应用；从中远期看，光热储能发电技术将与常规化石能源实现联合运行、电热/电水联供，并结合经济有效的储热技术，实现能源输出的稳定性、可靠性、可控性和经济性，还可以作为基础调节电源，与光伏发电、风力发电等可再生能源发电技术组合形成稳定的多能互补能源系统。

光热发电今后将朝着降低设备成本、提高聚光能力的方向发展，国家能源局发布的《太阳能"十三五"规划》中提出：到2020年，全国太阳热发电装机容量达到500万kW，实现太阳热发电成本低于0.8元/(kW·h)。

《中国太阳能热发电产业政策研究报告专题报告》指出，太阳能热发电的技术进步反映在成本上，光电转换效率是影响发电成本最重要的因素。从热力学的角度来看，发电工质的参数（温度、压力）会对系统效率产生重要影响。而发电工质参数与聚光、光热转换、储热过程中的材料问题、热学问题和力学问题等密切相关。基于以上考虑，以系统年平均发电效率为引领，以发电工质温度和换热介质种类为主线可将太阳能热发电技术分为四代，太阳能热发电技术发展图如图2-7所示。

目前槽式技术路线发展最为成熟，但是全球太阳能热发电技术的发展趋势已经开始由槽式转变为塔式。塔式技术以其高参数、高效率，可长时间储热，输出电力稳定、品质高而被广泛看好，以美国为首的技术发达国家都加大了对塔式太阳能热发电站的投资力度。目前在建以及未来规划开发的太阳能热电站中，塔式太阳能热电站占据较大比例，被认为是未来太阳能热发电的主流技术路线。碟式技术受核心设备制造能力的制约，发展十分缓慢，而线性菲涅尔技术与槽式技术类似，但其系统效率更低，目前各国都减小了开发力度。从图2-8四种光热发电技术系统装机比例中也可以看出这一发展趋势，塔式太阳能热电站在已建成电站中的装机比例虽然很少，但在建电站中的装机比例已经和槽式相差无几，在规划开发电站中的装机比例已经超越槽式电站。各种技术路线光热电站在实际开发中可适当调整。

3. 相关政策

2016年9月，国家能源局印发《关于建设太阳能热发电示范项目的通知》（国能

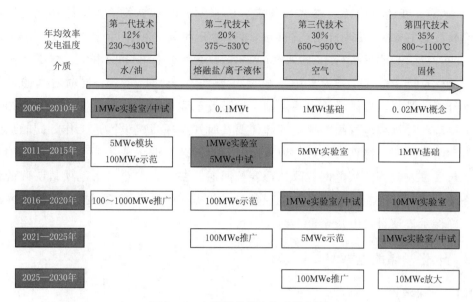

图 2-7 太阳能热发电技术发展图

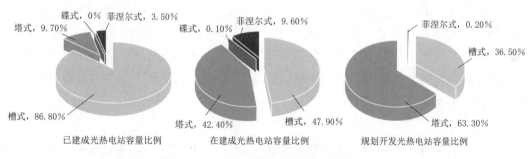

图 2-8 四种光热发电技术系统装机比例

新能〔2016〕223 号），启动了首批 20 个太阳能热发电示范项目建设。其中，青海省包括 4 个项目，分布在德令哈市和共和县，总装机容量 28.5 万 kW。2017 年 2 月，国家能源局发布《关于报送太阳能热发电示范项目建设进展情况的通知》，要求各相关地区对太阳能热发电示范项目建设进度报送。

2018 年 3 月，国家能源局综合司发布《关于光热发电示范项目建设有关情况的通报》：截至 2018 年 2 月 28 日，首批 20 个光热示范项目中有 17 个项目企业按要求报送承诺函，其中共有 16 个项目承诺继续建设，一家项目明确退出，另有三家未报送书面承诺。其中青海项目数由 4 个变为 3 个，国电投黄河上游水电开发有限责任公司德令哈水工质塔式 13.5 万 kW 光热发电项目逾期未予承诺。通报要求承诺继续建设的项目要按承诺抓紧组织建设，项目所在地能源主管部门要加强对示范项目建设的协调推进和实施进度的跟踪督查，确保项目按计划建成投产。

2018 年 5 月，国家能源局印发《关于推进太阳能热发电示范项目建设有关事项的通知》（国能发新能〔2018〕46 号）规定《国家发展改革委关于太阳能热发电标杆上网电价政策的通知》（发改价格〔2016〕1881 号）明确，2018 年 12 月 31 日前全部建成投产的首批示范项目执行 1.15 元/（kW·h）（含税）标杆上网电价。根据示范项目实际情况，首批示范项目建设期限可放宽至 2020 年 12 月 31 日，同时建立逾期投运项目电价退坡机制，具体价格水平由国家发展改革委价格司另行发文明确。通知还要求：各示范项目所在地省级能源主管部门要及时开展项目建设推进工作，同时加强服务保障和组织协调，特别要做好与地方政府、电网企业的沟通协调工作，确保项目建设进度与质量效益。国家电网有限公司要按照通知要求，结合各示范项目明确的计划建设进度，及时开展配套电网送出工程建设，并提前研究示范项目投产后的并网运行方案，确保示范项目发电量全额消纳。

2.3.3　电化学储能电站

2.3.3.1　技术特点

电化学储能电池主要有铅酸电池、镍铬电池、镍氢电池、钠硫电池、液流电池、锂离子电池等。其中铅酸电池技术成熟、成本低，应用广泛，但自放电率高、循环寿命和能量密度低，充电速度慢，而且铅作为重金属在生产和回收过程中可能产生污染，对环境影响大，因此其大容量储能技术在电力系统中的应用受到限制；镍铬电池各项性能指标与铅酸电池相近，同时有记忆效应和自放电现象，且存在铬金属污染问题，因此目前在电力系统推广应用的潜力较小。

1. 镍氢电池

（1）技术特性。镍氢电池由镍铬电池改良而来，以能吸收氧的金属代替铬，目前许多种类的金属互化物都已被运用在镍氢电池的制造上。镍氢电池具有较高的能量密度（50～60W·h/kg），无明显的记忆效应、环境污染，但镍氢电池耐过充能力差。

（2）技术成熟度。目前镍氢电池已实现规模化生产，现在主要应用于电动车领域。而大容量的镍氢电池储能系统在电力系统中的应用还处于初步阶段，上海电力公司采用镍氢电池建设的 100kW 储能调峰电站，已在上海航头变电站投入试运行，主要用于系统削峰填谷和备用电源 UPS。

2. 钠硫电池

（1）技术特性。钠硫电池主要包括钠负极（熔融液态）、硫正极（硫和多硫化钠熔盐）、固体电解质、陶瓷隔膜、电池壳体以及连接部件。数个单体电池可以组成模块，通过模块的组合最终形成储能电池堆或储能站钠硫电池。

钠硫电池能量密度高，其理论能量密度为 760W·h/kg，实际为 150～240W·h/kg，可大电流、高功率放电，其放电电流密度一般可达 200～300mA/cm^2，并可瞬时间放出 5 倍的额定功率。由于采用固体电解质，所以没有其他液体电解质电池的自放电及副反应，充放电电流效率几乎达 100%。

钠硫电池其工作温度在 300～350℃，工作时需要加热和保温，因此钠硫电池除了电池本身的关键技术外，还牵涉电池堆的温度控制、电池循环的电控、安全保护等技术。同时，钠硫电池的循环寿命受放电深度影响较大，放电深度加深，则可循环次数减少。

（2）技术成熟度。目前从全球范围来看，日本 NGK、日立、东京电力、三菱重工和中科院上海硅酸盐研究所坚持钠硫电池研发，只有日本 NGK 公司具备钠硫电池储能系统的规模化量产能力。NGK 钠硫电池采用模块化设计，每 5 个钠硫电池模块组成一个电池堆栈，由 4 个电池堆栈组成一个完整的钠硫电池储能箱，其容量为 1MW×6h。目前，日本共有 196 处共 270MW 以上的钠硫电池储能系统投入运行，系统综合效率为 85%。

3. 液流电池

（1）技术特性。液流电池由电堆单元、电解质溶液、电解质溶液储供单元、控制管理单元等部分组成。活性物质是流动的电解质溶液，正负极电解液分开、各自循环，正负极全使用钒盐溶液的称为全钒液流电池。

液流电池电化学极化小，能够 100% 深度放电，储存寿命长，额定功率和容量相互独立，可以通过增加电解液的量或提高电解质的浓度达到增加电池容量的目的，并可根据设置场所的情况自由设计储藏形式及随意选择形状。但是液流电池的不足之处在于能量密度较低（25～30W·h/kg），导致站区占地面积往往比较大。

（2）技术成熟度。全钒液流电池是目前发展最为成熟的液流电池技术之一，现处于产业化示范阶段。随着全钒液流电池性价比的不断提高，其受到的关注越来越多，更多的能源企业和研究单位致力于全钒液流电池的开发。全钒液流电池目前已累计实现装机 35MW，相比于钠硫电池和锂离子电池来说，装机容量较小，但近几年的增速明显。目前，国内规模最大的全钒液流项目是在建的大连液流电池储能调峰电站，总装机 200MW/800MW·h，总投资约 36 亿元；其中，一期在建规模 100MW/400MW·h。

4. 锂离子电池

（1）技术特性。锂离子电池主要由正极（含锂化合物）、负极（碳素材料）、电解液、隔膜四个部分组成。锂离子电池是利用锂离子在正负极材料中嵌入和脱嵌，从而完成充放电过程的反应。锂离子电池使用锂合金金属氧化物为正极材料，负极材料使用较多的是石墨。由于锂离子电池随着其安全性和各项性能的提高、成本的降低，其具有能量密度高、无记忆效应、无污染、自放电小、循环寿命长的特点，逐步受到业界的关注和重视。

（2）技术成熟度。锂离子电池广泛应用于可再生能源并网、调频辅助服务、电力输配、分布式微网、手机、笔记本电脑、电动车等领域。目前全球已建兆瓦级电化学储能示范项目中，锂电池项目装机容量约占总容量的50%，规模超过其他储能技术。深圳比亚迪公司开发的标准集装箱式磷酸铁锂电池储能系统在国内外广泛应用，采用磷酸铁锂电池的 $20MW \times 2h$ 储能示范站已投入运行，其应用方向定位于削峰填谷和新能源灵活接入。南方电网、江苏电网、河南电网等的储能电站也已陆续投入使用。国内张北风光储输、南网宝清储能电站等大容量储能示范项目也都将锂电作为重点发展方向。

5. 各类电化学储能技术特点

各类电化学储能技术特点见表2-4。

表2-4　　　　　　　　各类电化学储能技术特点

电池类型	锂离子电池	全钒液流电池	钠硫电池	镍氢电池	铅酸电池
优势	能量密度高、效率高	充放电次数高、使用寿命长、易于检测、功率容量分离	能量密度高、占地少	环保	技术成熟、价格最低
劣势	生产成本较高	能量密度偏低、占地面积大	运行条件苛刻、寿命受深度充放电影响、只有NGK公司规模化生产	增加占地及供货周期、环温高于40℃性能降低	能量密度低、不能深度放电、报废电池处理难度大
功率上限	兆瓦级	百兆瓦级	十兆瓦级	兆瓦级	十兆瓦级
比容量 /(W·h/kg)	150～200	25～40	100～150	70～80	35～50
能量密度 /(kW·h/m²)	42	12	50	26	
循环寿命/次	8000	>16000	2500～4500	500	500～1500
充放电效率/%	90～95	65～80	65～80	85	50～75
自放电/(%/月)	0～1	无自放电	无自放电	较大	2～5
深度充放电能力	适宜在15%～85%荷电状态区间内使用，深度充放电严重影响寿命	可在0～100%荷电状态全范围内使用，深度充放电对寿命无影响	适宜在15%～85%荷电状态区间内使用，深度充放电严重影响寿命，对安全性有影响	适宜在20%～80%荷电状态区间内使用，深度充放电严重影响寿命	不能深度充放电
容量	容量衰减后不可恢复	容量可在线再生	容量衰减后不可恢复	容量衰减后不可恢复	容量衰减后不可恢复
成本	较高	较高	较低	高	低
目前主要应用领域	电动汽车、移动式储能、大规模储能	大规模储能	系统调频、调峰	混合动力电动客车	系统备用电源

由表2-4可知：

（1）镍氢电池，主要应用于混合动力电动客车领域，在电力系统的应用较少，目前供应商生产能力有限，且其能量密度小、占地面积较大。

（2）钠硫电池，具有能量密度高、转化效率高等优点，适用于电力系统调峰、调频。但其工作温度在 350℃左右、可靠性较低，深度充放电对电池寿命影响较大，且主要技术掌握在国外厂家手中。

（3）全钒液流电池，具有循环寿命长、充放电特性良好、电池荷电状态准确可控等优势。但是全钒液流电池能量密度偏低、体积大，另外电池系统需配套相应的管道、泵、阀、换热器等辅助部件，工艺复杂。

（4）锂离子电池，可应用在系统调峰、可再生能源并网、智能电网、分布式发电等多个领域。锂离子电池随着产业链的形成和完善，将进入一个快速发展的时期，关键技术的突破以及性价比的提高将使其竞争力进一步提升，未来将有广阔的发展空间。与其他储能技术相比，锂离子电池储能技术具有以下优点：①充放电效率高，可将实际运行成本降到最低；②能量密度高，可使站区占地面积最小，在用地费用越来越高的情况下优势很大；③循环寿命较好，使用年限长，延长了收益期，万次级循环寿命已有产品；④自放电率低，降低了能量损耗，进一步节约了运行成本。

2.3.3.2 发展趋势

1. 技术发展趋势

我国电化学储能发展历程如图 2-9 所示。总体来看，我国电化学储能装机持续增长，但是增速却呈波浪式前进。2015—2019 年，我国电化学储能装机容量从 106MW 增至 1709MW，增加了 15 倍。从增速看，2015—2019 年，我国电化学储能增速分别为 25%、130%、64%、169% 以及 59%。值得注意的是，2019 年我国电化学储能增速大幅下降，凸显出发展动能不足。

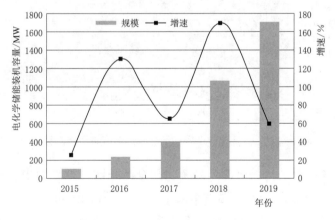

图 2-9 我国电化学储能发展历程

2. 价格趋势

受各自技术体系成熟度和产业链完善情况的影响，各主流储能电池系统的价格水平有较大差异。上述提及的主要电化学储能技术中，适用于电力系统且具备商业化条件的电化学储能技术有铅酸电池、锂离子电池、液流电池三类，各自的价格发展趋势如下：

（1）铅酸电池。铅酸电池行业已具备较为成熟的技术体系和产业链由于生产成本相对较低，先进铅酸电池系统成本约为 1800 元/(kW·h)，但因其技术限制，未来成本下降空间有限。

（2）锂离子电池。随着主要厂商产能扩张，锂离子电池生产成本不断下降，年均降幅达 15%～20%，储能成本快速下降，规模经济效应初步显现。目前，技术较为成熟的磷酸铁锂电池储能系统成本为 2000～2500 元/(kW·h)，随着规模化和技术水平的提高，部分厂商储能系统成本已降至 2000 元/(kW·h)，储能经济性有了很大提高。未来几年若主要锂电产能高速扩张的趋势持续，锂电储能也将随成本下降而步入商业化应用区间。

（3）液流电池。全钒系统成本在 4000～6000 元/(kW·h)，远高于铅酸、锂电储能技术，主要原因是离子交换膜、电解液等材料成本较高。目前离子交换膜主要依赖进口。同时钒电池体积密度低、电解液使用量很大，导致同规模下电池总成本较高。目前液流电池产业链尚未完善，未来成本下降将依赖于离子交换膜国产化、提高钒离子溶解度、提高电流密度等方向的研究。

电化学储能主流技术厂商成本下降趋势如图 2-10 所示，可以看出随着锂离子电池成本的迅速下降，铅酸电池的价格优势会被锂离子电池所取代，而液流电池价格仍将较锂离子电池贵一倍左右，以锂离子电池的经济性最优。

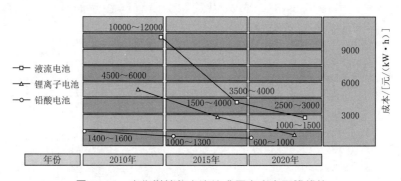

图 2-10　电化学储能主流技术厂商成本下降趋势

此外，储能系统所采用的电池，来源包括全新采购以及动力电池梯次利用。动力电池容量下降至 80% 以后，不宜再做车载电池，需予以更换并进入储能市场，其平均更换年限为 5～8 年。预计 2021—2027 年，我国"十三五"期间推广的电动汽车动力电池将逐步进入储能市场。考虑电池回收、转换及运输等多重成本，车用废旧电池实际的回收价值只有新电池成本的 10% 左右，运行周期还可达 5 年左右，可满足成本敏感用户的储能配置要求，提高电池利用效率。目前国内已有多座动力电池梯次利用储能电站在建或者投运。

3. 应用领域和区域

我国的储能发展具有区域特色，以江苏省为代表的南方区域是用户侧的模式，中部地区则以河南省为代表是电网侧的模式，西部则是发电侧的模式。

2.3.3.3　相关政策

2017 年 10 月，国家发展改革委、财政部、科技部、工信部、国家能源局联合发布中国储能产业第一个国家级政策《关于促进我国储能技术与产业发展的指导意见》（发改能源〔2017〕1701 号），这个文件明确了储能在推动能源革命中的重要意义、储能产业的发展形势、储能在不同场景的应用价值等，这是首次从官方角度对储能给予了认可和明确。表明国家主要相关部门对于储能产业发展的支持态度，加强了地方政府、电网公司、电力业主对于储能应用价值的认识与重视。指导意见还提出了储能产业发展的 10 年目标和重点任务，"十三五"末的目标是商业化初期，"十四五"末的目标是规模化发展。

越来越多示范性储能项目成功实施，为行业积累了一定的实战经验。近期国家标准委陆续发布了多项储能相关标准，从电池技术到接入电网、再到电站运行评价各阶段予以规范，消除没有参考依据、没有安全保障的一些顾虑。其中包括《电力储能用锂离子电池》（GB/T 36276—2018）、《电力储能用铅炭电池》（GB/T 36280—2018）、《电化学储能系统接入电网技术规定》（GB/T 36547—2018）、《电动汽车充换电设施接入配电网技术规范》（GB/T 36278—2018）、《电力系统电化学储能系统通用技术条件》（GB/T 36558—2018）、《电化学储能电站运行指标及评价》（GB/T 36549—2018）等。标准化是行业快速有序发展的必要条件，这一系列储能国标将引领行业规范化发展，为储能电站安全和质量提供参考依据。

2.3.4　三种储能电站的比较

针对三种储能电站，以下从应用领域、循环寿命、效率、工作温度、占地、经济性、扩展性、安全性和环保性等方面进行对比。

（1）应用规模：①抽水蓄能单座电站的规模最大，可达数百兆瓦以上，可长时间储能；②国内目前已建或者规划的单座光热储能示范项目规模主要为 100MW 以下规模，储能时间最高可达十几小时；③电化学储能电站规模配置灵活，尤其适用于小规模，储能时间一般为几小时，根据需求进行配置。

（2）应用领域：三种储能技术都可用于调峰发电厂、日负荷调节、频率控制和系统备用，适合在风电或光伏大规模开发地区配套建设。其中：①抽水蓄能电站的特点是需达到一定规模，不适用于小型储能，主要用于电网侧；②光热储能的单位容量占地面积最大，并且对光照、太阳辐射、场地坡度条件要求高，因此主要适用于雨少、雾少、晴天较多、地势平坦开阔西部地区，优选较平整的荒漠和沙漠化土地，这些区域通常适宜大规模开发风电或光伏资源；③电化学储能电站的容量能量密度高、配置灵活、调节快速，对场地条件要求小，适用于电源侧、电网侧、用户侧和辅助服务领域。

（3）循环寿命：①抽水蓄能电站的运行寿命可达 50 年以上；②光热储能电站则为 25～30 年；③电化学储能电站的循环寿命取决于具体储能技术，液硫电池最多到 15000 次以上，锂电池可以做到 10000 次以上，按照每天一次满充满放、分别折合约 41 年、27 年，而铅酸电池仅约 2000 次。

（4）转换效率：①抽水蓄能电站的效率为 70%～80%；②电化学储能电站，单纯考虑储能系统的转换效率最高可达 90%，如果考虑太阳能转换为电能的综合效率，则综合效率与光热储能相当，均接近 20%。

（5）工作温度：①抽水蓄能电站需要维持环境温度在 0℃ 以上以避免水面结冰；②光热电站对外部环境温度没有特别要求，光热储能电站导热和储热装置的工作温度为 300～600℃，否则需要通过解冻加热装置对导热介质、储热介质进行预热；③电化学储能电站的工作温度可在 −30～60℃ 之间，适用的环境温度范围较广。

（6）占地面积：光热储能电站的单位容量占地面积最大，根据已建及在建项目计算为 48～63m^2/kW；如果电化学储能电站只考虑电池和 PCS 的占地空间，则其单位容量占地面积最小，不到 1m^2/kW；抽水蓄能电站的占地面积为 2.5～3m^2/kW。

（7）经济性：目前光热储能电站的造价水平最高；抽水蓄能电站的最低，仅为光热储能的 1/4～1/3，并且随着征迁费用、生态维护等费用的上涨，造价水平存在上涨的可能性；而电化学储能电站的成本介于前两者之间，并逐步下降。

（8）扩展性：三者均可配套新能源的开发进行建设，可总体规划，分期建设；抽蓄可发展"核蓄一体化""新能源＋抽蓄一体化"等模式；光热发电应用领域可扩展至光热热电联供，兼顾为企业或居民供热供暖；电化学储能因其规模及用地非常灵活，几乎适用于所有需要储能的场景，尤其适合需要临近用户的场景，适合根据用户需求分批灵活配置、扩展性最好。

（9）安全性：抽水蓄能电站安全性较高，主要风险在于坝基的渗水隐患。电化学储能电池风险主要在于锂电池或铅酸电池的爆炸风险，而液流电池无爆炸燃烧风险，但由于其电解液剧毒，如果泄漏会造成较严重的环境问题。不过随着技术的发展，其安全性已有较大的保证。光热储能的风险主要是导热介质的泄漏、火灾和自然灾害等。

（10）环保性：抽水蓄能电站主要涉及电站建设阶段上下水库建设所引起的库区淹没、水质和土壤变化等；光热储能电站存在光污染、影响鸟类、废水废弃物等问题；电化学储能电站的环保可控、运行过程不产生污染，环保问题主要涉及电解质溶液、固体废弃物的处理等。

2.3.5 成本效益分析

当前，电化学储能的发展与普遍使用储能电池的成本及效率密切相关。由于电池技术的研发和应用仍处于示范阶段，配置成本较高，与抽水蓄能电站的建设成本和效用相比仍有较大差距。从发展趋势而言，光热储能电站的运行寿命与电化学储能电站相当，但是目前的建设成本高于电化学储能，成本下降趋势也不如电化学储能。因此以下选择电化学储能和抽水蓄能电站进行成本效益对比分析。

按照大容量储能电站和抽水蓄能电站的配置原则、建设运维情况、充（抽水）电、发电效率、使用年限等指标，本节分析电化学储能单位造价成本与抽水蓄能电站等效的平衡点。

分析的主要边界条件为电化学储能电站的运营期 30 年，电池年衰变率 2.2%，储能效率 90%，每日满充满发，年运行维护费率和其他经营成本合计约 2%；抽水蓄能电站运营期 60 年，单位造价参考福建近两年规划建设的周宁、厦门、永泰抽水蓄能电站的平均造价约 5800 元/kW，发电效率 75%，年发电小时数 1600h，年运行维护等费率和其他经营成本合计约 2%。以建设 1000kW 规模的电化学储能和抽水蓄能电站的运维和效益分析。根据计算，当电化学储能单位投资下降至 1229 元/(kW·h) 时，投资电化学储能电站的效益即与抽水蓄能电站相当，再考虑电化学储能电站效率高，对生态环境影响较小，届时可根据电化学储能的技术和使用情况，建设适当的电站以替代远景规划的抽水蓄能电站。

第 3 章

青海储能技术发展应用

3.1 青海大型新能源发电基地概况

3.1.1 海西州千万千瓦级清洁能源基地

海西蒙古族藏族自治州，简称海西州，位于青藏高原北部、青海省西部，是青海、甘肃、新疆、西藏四省区交往的中心地带，辖德令哈、格尔木、茫崖三个县级市，天峻、都兰、乌兰三个县以及大柴旦县级行政委员会。全州总面积约 32.58 万 km²，占青海省总面积 45.2%，常住人口 47 万。海西州的地形主要是昆仑山、阿尔金山、祁连山环抱的柴达木盆地和唐古拉山北麓高原两部分，北部、东部较高，中部、西北部较低，大部分地区都在柴达木盆地内，盆地平均海拔 3000.00m 左右，盆地从边缘至中央大体依次为高山、丘陵、戈壁、平原及湖沼。

海西州太阳能资源丰富。因其海拔高、大气稀薄、日光透过率高、日照时间长，加之气候干燥、降雨量小、云层遮蔽率低，所以太阳辐射强、光照充足，日照时数多，全州总辐射量为 7200MJ/m²，是青海省辐射量最多、年日照百分率最大的地区，年日照时数在 3000～3400h 之间，为全国第二高值区。海西州是青海省风能资源丰富区，大部分区域属于风能可利用区，年平均风功率密度多在 50～100W/m²，全年风能可用时间 3500～5000h，出现频率 50%～70%。

海西州太阳能资源丰富且有大量戈壁滩等未利用土地，土地资源广阔，光伏发电、风力发电、光热发电等新能源开发条件好，具备形成以光伏、风电、光热为主的清洁能源基地的条件。表 3-1 为海西州千万千瓦级清洁能源基地规划目标。

表 3-1　　　　　　　　海西州千万千瓦级清洁能源基地规划目标　　　　　　单位：MW

项目	2015 年	"十三五"新增规模	2020 年目标规模	"十四五"新增规模	2025 年目标规模
光伏	2898	4060	6958	13000	19958

项目	2015 年	"十三五"新增规模	2020 年目标规模	"十四五"新增规模	2025 年目标规模
风电	300	2641	2941	3700	6641
光热	10	1765	1775	8500	10275
抽蓄	—	—	—	1800	1800
合计	3208	8466	11674	27000	38674

3.1.2 海南州千万千瓦级清洁能源基地

海南藏族自治州，位于青海省东部，东西宽 260km，南北长 270km，面积为 4.45 万 km²。全州平均海拔在 3000.00m 以上，最高点虽根尔岗海拔 5305.00m，最低海拔 2168.00m，地形以山地为主，四周环山，盆地居中，高原丘陵和河谷台地相间其中，地势起伏较大，复杂多样，河流众多，主要为黄河水系和青海湖水系。海南州属典型的高原大陆性气候，其特征是大气稀薄，干旱少雨，光照时间长，太阳辐射强，气候温凉寒冷，气温年较差小、日较差大。春季干旱多风，夏季短促凉爽，秋季阴湿多雨，冬季漫长干燥。

海南州水能资源、太阳能资源丰富，风能资源较丰富。境内太阳辐射强，光照充足，年均降雨量相对偏少，年平均太阳辐射量在 6381.6MJ/m² 以上，年平均日照时数在 2700h 以上，年平均日照百分率为 55%～80%。共和盆地茶卡、切吉地区为海南州风能资源较丰富区，其年平均风功率密度约 300W/m²，全年风能可利用小时数在 6000h 以上。

海南州千万千瓦级清洁能源基地由水电站、光伏电站、光热电站和风电场组成。海南州千万千瓦级清洁能源基地规划目标见表 3-2。

表 3-2　　　　　　　海南州千万千瓦级清洁能源基地规划目标　　　　单位：MW

项目	2015 年现状	"十三五"新增规模	2020 年目标规模	"十四五"新增规模	2025 年目标规模
光伏	—	—	15513	1000	16513
风电	—	—	4061	0	4061
光热	—	—	2250	500	2750
水电	—	—	5040	3600	8640
抽蓄	—	—	—	1200	1200
合计	4266	22598	26864	6300	33164

3.1.3 两大新能源发电基地清洁能源统计分析

根据海西州、海南州千万千瓦级清洁能源基地规划目标，2020 年、2025 年规划总装机容量分别为 3853.7 万 kW、7183.7 万 kW，不同类型能源占比见表 3-3 和图 3-1 所示。

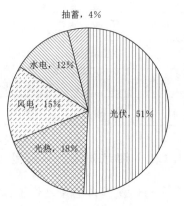

图 3-1 "十四五"海西州、海南州清洁能源基地规划电源结构

根据统计：两个清洁能源基地光伏装机容量最大，超过一半，规划新增装机也最多；其次为光热、风电、水电，抽蓄占比最小，到 2025 年占比达 51：18：15：12：4。"十四五"期间光热规划新增装机增长较多，风电与水电规划新增装机容量相当。2025 年海西州、海南州清洁能源基地规划电源分布如图 3-2 所示。

表 3-3　　　　　　　海西州和海南州清洁能源基地规划目标　　　　　　　单位：万 kW

项目	2020 年目标规模	"十四五"新增规模	2025 年目标规模
光伏	2247.05	1400.00	3647.10
风电	700.15	370.00	1070.10
光热	402.50	900.00	1302.50
水电	504.00	360.00	864.00
抽蓄	0	300.00	300.00
合计	3853.70	3330.00	7183.70

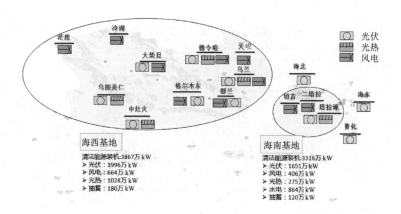

图 3-2　2025 年海西州、海南州清洁能源基地规划电源分布

3.2　储能技术发展方向

3.2.1　抽水蓄能

根据已开展的青海省抽水蓄能电站选点规划工作，结合常规站点及混合式抽水蓄能站点的普查，经过初步筛选和现场查勘，将格尔木南山口等 16 个站点作为普查站点列入普查成果。

（1）经过对海西州和海南州可再生能源基地周边的各普查站点地形、地质条件以及与基地距离等多种因素的比选，海西州地区受站点水资源、地质条件以及与基地的距离等制约，仅初选了格尔木南山口一个站点作为规划站点；海南州地区初选贵南哇让、贵南岗香两个站点，作为规划比选站点。

（2）根据青海抽水蓄能电站需求规模和布局，对海南州规划站点贵南哇让和贵南岗香站点综合比较分析，选择贵南哇让站点装机容量 240 万 kW，作为青海电网和海南州千万千瓦级可再生能源基地外送的配套站点，电站单位千瓦投资 4261 元；海西州以格尔木南山口站点装机容量 2400MW 作为海西州千万千瓦级可再生能源基地外送的配套站点，电站单位千瓦投资 5253 元。

（3）综合海南州和海西州千万千瓦级可再生能源基地外送的前期进展，推荐贵南哇让站点作为青海电网和外送近期开发工程。格尔木南山口站点可结合海西州千万千瓦级可再生能源基地的进展，适时开发建设。

综上分析，近期首选开工贵南哇让抽蓄电站工程，目前抽蓄项目本体的可研和核准等工作均尚未开展，预计"十五五"期间才能投运，因此 2025 年前暂不考虑。未来根据青海省能源发展、送出规划等适时开发海西州格尔木南山口站点抽蓄电站。

3.2.2　光热储能

青海省地处中高纬度地带，太阳辐射强度大，光照时间长，其中直接辐射量占总辐射量的 60% 以上，仅次于西藏。青海省总辐射空间变化分布特征是西北部多，东南部少。太阳能资源特别丰富的地区位于柴达木盆地、唐古拉山南部；太阳能资源丰富的地区位于海南州（除同德县外）、海北州、果洛州的玛多、玛沁、玉树及唐古拉山北部；太阳能资源较丰富地区主要分布于海北州的门源、东部农业区、黄南州、果洛州南部、西宁市以及海东地区。

大型光热电站规划选址应结合国家和当地太阳能利用规划、土地规划、热力和电力系统规划及地区建设规划进行，同时结合光热电站建设的特点、地形地貌、太阳能资源、土地资源、水资源、辅助能源、气候条件、电网条件、交通运输等条件进行电站场址选择。在选址过程中遵循以下基本原则：

（1）场址区大气透明度高，气候干燥少雨，日照时间长，太阳能资源丰富。选址区域的年太阳能总辐射量应不低于 6000MJ/（m²·a），太阳直射辐射（DNI）量应不低于 1600kW·h/（m²·a）。

（2）建设用地符合当地土地利用总体规划，优先使用荒山、荒滩、荒漠等难以利用及不适宜农业、生态、工业开发的土地，用于太阳能电站建设的场址宜地势开阔、平坦，无遮挡物。

（3）场址区容许的自然坡度塔式技术路线不大于 3％，槽式若坡度过大可分台阶布置，但同一台阶坡度也不大于 3％，同时场址区纬度不宜大于 42°。

（4）场址内无名胜古迹、未查明有重要的矿产资源，避开自然保护区、文物保护区、军事设施区、压覆矿区以及与现有规划冲突的区域等。

（5）非地质灾害多发区，地质构造稳定，无洪涝灾害，无遮挡太阳光。区域地形具有雾气、烟雾等扩散、吹散的有利条件。

（6）优先选择具备规模化开发的场址。

（7）尽量靠近主干电网，以减少新增输电线路的投资。

（8）具有便利的交通运输条件和生产生活条件，场址征地费用低。

（9）选择满足光热电站供水要求的场址。

（10）场址区有可靠的洁净热源。

海西州和海南州光热电站规划目标见表 3-4，同时海西州和海南州 2025 年光热建设主要在乌图美仁、中灶火、大灶火、德令哈、蓄集乡、卜浪沟、乌兰东大滩和共和塔拉滩各区域。

表 3-4　　　　　　　　　　海西州和海南州光热电站规划目标

地区	2018 年现状/个	"十三五"新增规模/万 kW	2020 年目标规模/万 kW	"十四五"新增规模/万 kW	2025 年目标规模/万 kW
海西州	6	127	128	900	1028
海南州	0	75	75	200	275
合计	6	202	203	1100	1303

3.2.3　电化学储能

电化学储能作为近年来迅速发展的一种储能技术，适用于青海省开发大型新能源发电基地、推动青海清洁能源通过特高压直流外送的发展规划，体现在以下方面：

（1）可适应青海省大部分区域的建设和运行环境。电化学储能工作温度为 -30～60℃，基本可满足青海省全年平均 -20～20℃ 的气温条件，超过的情况可通过在储能设备工作场地加装空调设备调节温度；电化学储能对地形条件的要求较低，适用于青海省大部分区域；功率和容量配置灵活、调节快速，单位容量占地小，几乎适用于所有需要储能的场景，可根据需求分批建设，分散配置与集中配置相结合，并且具有较好的扩展性、安全性和环境性。

（2）规模快速增长，价格持续下降，安全性逐渐提升。近年来，电化学储能技术在各类企业积极参与情况下得到快速发展，根据预测，未来几年内，我国储能设备安装量或将实现 7～10 倍的增长，大规模商业化发展蓄势待发。目前电化学储能系统成本仍处于 2000～2500 元/(kW·h)，成本偏高，还没有形成规模效应。根据国家发展路线及成本趋势预测，随着锂离子电池成本的迅速下降，铅酸电池的价格优势会被锂离子电池所取代，而液流电池价格仍将较锂离子电池贵一倍左右，以锂离子电池的经济性最优。截至 2020 年年底，磷酸铁锂电化学储能系统降至于 1500 元/(kW·h) 以下，随着各类验证、示范应用以及标准的建立，储能技术的安全性也将逐步提升，达到标准要求，具备大规模商业化推广的条件。

（3）适用于青海省各类应用场景。电化学储能目前在青海省部分风电场、光伏电厂已开展示范应用，电池类型包括锂离子电池、液流电池、铅酸电池等，多种路线并存依然是未来的一种格局。参考江苏、河南、福建及南网等地区的电化学储能项目开发和利用，随着储能技术的发展、运行经验的积累和成本的下降，电化学储能可逐步推广至青海省的电网侧和用户侧，包括大型新能源发电基地、供电困难区域的微电网储能应用、对电能质量要求较高的用户等。

（4）在青海省应用和推广电化学储能技术，特别是锂离子电池，有利于青海省锂资源的开发。青海省锂资源储量占全国 80％以上，察尔汗盐湖锂资源占世界储量的1/3。近年来青海省先后出台了多项规划和扶持政策，加大锂资源产业链投资力度，锂电产业取得了快速发展，初步形成了从上游碳酸锂到电芯的产业基础，构建了完整的锂电产业链条，逐步向全国乃至全球有重要影响力的锂电产业基地迈进。青海省发布的《关于促进青海省锂电产业可持续健康发展的指导意见》提出：到 2025 年，全省碳酸锂生产规模将达到 17 万 t/年，锂电池电芯产能将达到 60GW·h/年；此外，青海省将完善标准体系，加大适应新能源电站应用的锂硫电池、金属空气电池、固态电池等新体系电池及燃料电池的研发，以满足不同的消费需求。

3.3 青海电化学储能的应用

为满足青海绿色能源示范省建设，大力开发海西州、海南州两个千万千瓦级清洁能源基地，推动青海清洁能源通过特高压直流外送，根据青海省 2025 年电源组织方案，需配套发展一定规模的储能装机，包括配置在电网侧的电化学储能。本节将分析电化学储能在青海省电源侧的配置、在负荷侧的配置原则。

3.3.1　电化学储能的应用场景

电化学储能在电力系统应用范围广阔，按应用所在场所，可划分为电网侧、电源侧、负荷侧三类。其中：电网侧电化学储能可用于移峰填谷、调频，还可提高电网的无功调节能力、优化系统潮流分布、提高电压控制水平等；电源侧电化学储能可参与新能源电源的出力调节、调峰、调频等；负荷侧电化学储能应用场所丰富、所获得的效益显著、更易于商业化。电化学储能主要应用场景及作用见表 3-5。

表 3-5　　　　　　　　电化学储能主要应用场景及作用

类型	应用场景		作　用
电网侧	无功支持		提高功率因数，提高供电质量
	缓解线路阻塞		提高供电质量，延缓电网建设性投资
	移峰填谷、延缓输配电扩容		解决高峰负荷造成的变电站重过载现象、延缓输配电网建设性投资、提高设备利用率
	变电站直流电源		提高供电可靠性
	调频		稳定电网频率，提高电能质量
电源侧	可再生能源	电量转移和平滑出力，削峰填谷	解决可再生能源发电的间歇性问题、促进清洁能源并网、降低火电调峰成本
		爬坡率控制	解决可再生能源发电波动性问题、促进清洁能源利用、提高供电质量和可靠性
	常规电力发电端	辅助动态运行	提高火电机组效率、节能减排，使备用容量更可控
		取代或延缓新建机组	降低或延缓新建机组投资，节能减排
		调频	稳定输出、提高电能质量、降低机组调频压力并提供经济性
		调峰	稳定输出，使备用容量更可控
负荷侧	工商业储能，家用储能		通过分时电价削峰填谷，降低用户侧用电成本
	电能质量管理，容量备用		可靠备用电源，提高电能质量

目前青海省已建的电化学储能电站主要集中在电源侧。根据国家发展改革委办公厅、科技部办公厅、工业和信息化部办公厅、能源综合司等联合印发的《关于促进储能技术与产业发展的指导意见》（发改办能源〔2019〕725 号），要着力推进储能技术装备研发示范、储能提升可再生能源利用水平应用示范、储能提升能源电力系统灵活性稳定性应用示范、储能提升用能智能化水平应用示范、储能多元化应用支撑能源互联网应用示范等重点任务，为构建"清洁低碳、安全高效"的现代能源产业体系，推进我国能源行业供给侧结构性改革、推动能源生产和利用方式变革做出新贡献。

随着技术发展、成本逐步下降、示范项目经验积累，电化学储能应用将迎来更大的发展。

3.3.2　电网侧电化学储能应用

3.3.2.1　发展空间

为满足青海清洁能源特高压直流外送需求，现阶段电源组织基础方案研究全省共配置电化学储能 400 万 kW，其中海西州基地配置电化学储能规模 200 万 kW。

这部分电化学储能作为解决大型新能源送出问题的配套措施，可由电网公司进行相应的投资，也可由多方合资或者第三方投资建设，通过参与电力市场交易等方式运营。

以镇江东部电网侧储能项目为例，8 个储能电站分别由国网山东电工电气集团有限公司、国网江苏综合能源服务有限公司和许继集团有限公司投资建设，以租赁形式供电网公司使用。

3.3.2.2　布局原则

（1）促进可再生能源等电源就地消纳。建议在可再生能源富集区适当安排集中式储能电站，以促进可再生能源消纳。

（2）调峰。储能电站宜结合当地或局部区域情况，在电源较少、峰谷差较大、发展前景较好的地区或工业园区优先配置。

（3）减缓电网输送压力。储能电站宜结合电力流向，优先考虑负荷较重、电源支撑不足的区域，在一定程度上减缓电网输送压力。

（4）开展风光柴储等综合能源模式。对于偏远地区或者旅游景区，结合当地丰富的风能、太阳能资源，就地发展风电、光伏等分布式新能源，并配置一定规模的储能设备，开展风光柴储等综合能源模式。

（5）先期示范。适当开展示范项目，积累运行经验，验证安全性。

3.3.2.3　应用前景

2019 年，国家电网有限公司发布《推进综合能源服务业务发展 2019—2020 年行动计划》，明确了引领能源新技术应用的方针，统筹布局综合能效服务、供冷供热供电多能服务、分布式清洁能源服务和专属电动汽车服务等四大重点业务领域 20 个重点项目，推动实现"源网荷储控"的智能互动和智慧应用。对于储能业务，2019 年 2 月国家电网有限公司单独发布了《关于促进电化学储能健康有序发展的指导意见》，对电源侧、电网侧、负荷侧做出了规划，指出有序开展储能投资建设业务，重点集中在电网侧储能，并推动省电力公司投资的储能纳入配电网有效资产通过输配电价机制回收。

电网侧储能项目主要作用是为区域甚至全网提供全局性服务，通过调峰提高区域相关变电站的运行效率，提高片区供电可靠性，或者改善末端电网电能质量，甚至替代末端电网的建设等。青海省电网侧储能可应用的场景包括以下几类。

1. 为全网服务

现阶段，为全网服务的主力储能电站多为抽水蓄能电站，承担着全网的主力调峰调频任务。电化学储能目前从装机容量上尚无法与抽水蓄能电站相比，且电化学储能仅可满足日调节需求，无法替代抽水蓄能电站月调节功能。但随着技术的进步和成本的下降，预计"十四五"中期，磷酸铁锂电池即可获得与抽水蓄能相当的单位造价，待大容量储能电站的运行经验得到进一步积累丰富后，预计 2025 年后可获得与抽水蓄能竞争储能空间的能力。

可在可再生能源富集区适当安排集中式储能电站，以促进可再生能源消纳。以点带面，开展电网侧大容量储能应用规划、厂址调研、布局选点，储备大容量储能项目。随着电化学储能技术不断发展、成本下降、运行经验积累，根据全省需求情况，将大规模储能电站应用逐渐推广至青海省风力、光伏等新能源丰富的其他区域，并建立储能与新能源联合运行机制。

2. 改善变电站负荷特性、提升供电可靠性的电化学储能

结合已建或规划变电站，搭载一定容量的电化学储能，通过储能移峰填谷，提高变电站利用率，减少损耗，同时还可有效提升其供电可靠性，相当于为区域电网提供了备用电源。该模式宜在负荷较重（负载率在 60％以上）、变电站负荷特性与全省类似、峰谷差较大的变电站使用，可起到延缓或部分替代主网架加强的效果。

储能电站的能量和功率计算和配置原则如下：

（1）针对变电站一年日负荷数据（取整点负荷，共 8760 个数据），进行能量配置分析，主要步骤如下：

1）计算每一天的平均功率 P_{ave}。

2）统计当天每一个统计时段的功率高于或低于当天平均功率 P_{ave} 得到正功率差（或负功率差），并结合该功率差所持续的时间段，计算得出该时间段的可放电（或可充电）能量，进而累加得出当天总的可放电（或可充电）能量。

3）计算逐日充/放电能量的概率分布。

4）统计大于等于某一充/放电能量的总概率 K 能量。

5）选择一定的 K 能量值、对应的充/放电能量（计及充放电效率、充放电深度）作为建议的储能系统能量配置。

（2）针对变电站一年日负荷数据（取整点负荷，共 8760 个数据），进行功率配置分析，主要步骤如下：

1）统计全部天数的逐日 MAX（$P_{max} - P_{ave}$，$P_{ave} - P_{min}$），其中 P_{max}、P_{min}、P_{ave} 分别为日最大、最小、平均负荷。

2）结合每一天的 MAX（$P_{max} - P_{ave}$，$P_{ave} - P_{min}$），设定不同的区间，计算 MAX（$P_{max} - P_{ave}$，$P_{ave} - P_{min}$）在各区间的概率分布。

3）统计所有大于等于某一 MAX（$P_{max}-P_{ave}$，$P_{ave}-P_{min}$）的总概率 K 功率。

4）选择一定的 K 功率值、对应的 MAX（$P_{max}-P_{ave}$，$P_{ave}-P_{min}$）作为建议的储能系统功率配置。

（3）K 功率、K 能量取值范围：从充分利用储能充放电量方面考虑，宜取 K 值较高值；从投资方面考虑，储能规模越大，综合造价越高。另外，从储能系统稳定性来看，储能规模越大对控制系统要求更高，试点示范项目宜从较小规模做起，随着技术成熟，再逐步增大规模。结合上述分析，初期试点项目 K 功率、K 能量宜取 95％，后续可逐渐放宽至 90％。

（4）近期、中期配置的电化学储能规模，按储能系统所接入的 330kV 及以下变电站负荷特性作为分析对象；远期展望按所在区域或 750kV 变电站供区负荷特性作为分析对象。

（5）按照该模式所规划的电化学储能系统，实际也属于为全网服务的储能电站，建议按照"分期建设、分布接入、统一调度"的原则实施，容量可包含在全省所需电化学储能规模中。

筛选青海省电源较少、峰谷差较大、发展前景较好的地区或工业园区的变电站，通过适当配置储能的方式，一方面提高片区负荷供电可靠性，另一方面也可延缓输变电扩建。

3. 建设"源网荷储"友好互动系统

随着可再生能源、储能与新能源汽车等技术的不断发展，电替代油有成为主要动力来源的趋势。按照国网公司"三站合一"的建设思路，可以将常规变电站建设为变电站＋充换电站（储能站）＋数据中心站，积极推行综合能源服务。结合青海省特点，规划的新建变电站可以作为城市智慧能源综合生态系统的组成部分，按照"变电站＋储能电站＋电动汽车充电站＋分布式光伏电站＋数据中心"的模式建设和运营，实现能源、数据的融合共享。尤其在商业区、生活区等能源密集场所附近的变电站，可为日趋增多的新能源汽车充电提供有力的支撑，提高可再生能源的消纳水平和储能系统的应用。

建设"源网荷储"友好互动系统，可助力清洁能源消纳，推动储能、通信等产业发展。

4. 偏远农牧区储能系统的应用

对有一定数量人口及负荷供电需求的偏远农牧区，其与主干电网距离较远，联络薄弱或者没有联络，常规电网加强模式投资大、利用率低、经济效益较差。此外，牧区游牧民族还存在季节性移动的特点。为提高偏远山区及牧区人民生活便利性及用电质量，结合当地丰富的风能、太阳能资源，就地发展风电、光伏等分布式新能源，并配置一定规模的储能设备，开展风光柴储等综合能源模式，是较好的解决方案。

根据青海省偏远山区及牧区的用电需求及供电问题，结合当地风能、太阳能，联合储能开展微电网项目，缓解当地的供电压力，改善居民生活和生产条件，缓解单纯依靠柴油发电系统带来的环境污染问题。以较少的资金、资源和环境代价，换取较高的整体效益。部分牧区结合其移动性的特点，适当配置移动式储能车，以解决其特殊的供电需求。

　5. 旅游景区储能系统的应用

　　青海省拥有丰富的旅游资源，广阔的面积、多样的地形地貌和气候使得不同区域的旅游产业负荷呈现季节性，而部分旅游景区所在地域存在电网较为薄弱的现象，供电可靠性及供电质量需要进一步加强。景区作为青海省名片之一，通过打造景区储能项目，为旅客提供更好的景区体验，同时也提升了青海景区形象，可以在一定程度上带动旅游业的发展。

　　对青海省不同旅游区的负荷规模和用电特性进行调研，做典型性分类；根据不同类型旅游负荷的各自特点，开展电化学储能系统的典型应用场景分析和规模配置典型方案研究。

3.3.3　电源侧电化学储能容量配置

3.3.3.1　青海省风电场、光伏电站出力特性分析

　1. 风电场出力特性

　　青海省是全国大风（指 8 级以上的风）较多的地区之一，大部分地区常年盛行偏西风。青海省年平均风速总的地域趋势是西北部大、东南部小，其中柴达木盆地中西部、青南高原西部及祁连山地中、西段年平均风速均在 4m/s 以上，是全省年平均风速的高值区。青海省每年中大风日数多分布在 3—6 月，即春夏季为大风月，秋冬季为小风月，常年盛行偏西风。海南州主风向和最大风能密度的方向基本一致。

　　海西州清洁能源基地风能资源分布有明显的季节性差异，同风速逐月变化趋势类似，3—6 月平均出力相对较大，其他月份出力相对较小；海西州格尔木气象站 1981—2018 年各月平均风速直方图如图 3-3 所示。

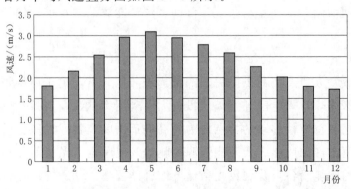

图 3-3　海西州格尔木气象站 1981—2018 年各月平均风速直方图

海西州 2000MW 风电全年出力日分时变化曲线如图 3-4 所示，可以看出上午出力较大，各时平均出力变化不大。

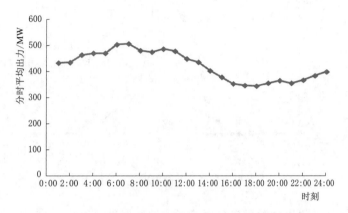

图 3-4　海西州 2000MW 风电全年出力日分时变化曲线

2. 光伏电站出力特性

青海省地处中高纬度地带，太阳辐射强度大，光照时间长，总辐射空间变化的分布特征是西北部多，东南部少。

海西州属高原大陆性气候，四季不分明、日照时间长、太阳辐射强、昼夜温差大。柴达木盆地年均日照时数一般在 3000h 左右，日照百分率在 67% 以上。格尔木 1971—2017 年太阳能总辐射量月际变化为双峰型。月总辐射量主要集中在 4—8 月，占年总辐射量的 54% 以上。格尔木太阳总辐射月际变化如图 3-5 所示。

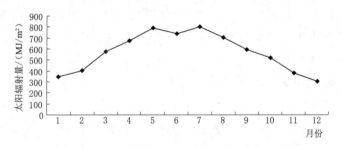

图 3-5　格尔木太阳总辐射月际变化图

海西州光能资源分布有明显的季节性差异，太阳辐射的季节变化直接造成了光伏电站出力的季节性差异。经统计，7—8 月平均出力最大，2 月平均出力最小。

海西州冬季光伏出力整体较小，其他季节出力基本相当，日内出力受天气、温度影响波动较大，具有一定的波动性、随机性、间歇性。某光伏电站 2017 年 8 月、2018 年 8 月典型日分时出力曲线如图 3-6 所示，可以看出出力均呈先增大后减小的特性，变化比较有规律。

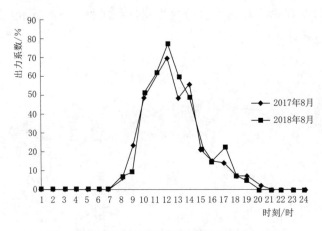

图 3-6　某光伏电站 8 月典型日分时出力曲线

3.3.3.2　风电场、光伏电站配置电化学储能的改善效果

电化学储能在风电场、光伏电站侧主要有以下方面应用。

1. 跟踪计划出力、平滑功率输出

为提升风电场、光伏电站出力的可预测性，降低其随机性对电网的影响，调度要求相关电站配置功率预测系统，并对其开展预测准确率考核，以便有效预知风电场、光伏出力曲线。从实际运行效果看，部分电站的预测准确率仍不足。为辅助风电场、光伏电站预测系统，有效提升风电场、光伏电站的预测准确率，降低其输出波动对电力系统的不利影响，同步提高其未来在电力市场中的竞争实力，配置一定比例的储能是必要的。此外，由于风电场、光伏电站出力的随机性、间歇性，也可配置一定比例的电化学储能，通过快速充放电来平滑其输出功率，保证出力的连续性和稳定性，提高可调、可控性，从而减轻对电网的影响。

2. 促进可再生能源消纳

根据青海新能源并网数据统计，2017 年无弃风，弃光率为 6.20%；2018 年弃风率为 1.62%、弃光率为 4.80%；2019 年弃风率为 2.55%，弃光率为 4.86%，主要原因是区域风电场、光伏电站发电高峰期出现输电阻塞。根据上述青海省风电场、光伏发电特性看，每天尖峰出力持续仅 2h 左右，持续时间短，可考虑通过储能移峰填谷，减少区域弃光量。

3. 具备一定的参与系统辅助服务的能力

可根据需要参与调峰交易，风电、光伏配套储能后还可根据需要参与深度调峰市场交易，负荷低谷时段充电、负荷高峰时段放电，改善系统调峰能力。同时，储能系统（特别是电化学储能）由于调频速度快，容量可调，是非常好的调频资源，可参与调频辅助服务，提升系统总体的调频效果。

2019 年 6 月公布的《青海电力辅助服务市场运营规则（试行）》（西北监能市场

〔2019〕28 号）规定：实时深度调峰交易的购买方是风电、太阳能发电、水电以及出力未减到有偿调峰基准的火电机组。准入条件为发电企业、用户侧或电网侧储能设施，充电功率在 10MW 以上、持续充电时间 2h 以上。储能调峰服务市场化交易模式分为双边协商交易和市场竞价交易。

2019 年 4 月 15 日，国内首次由储能电站与集中式光伏电站之间开展的调峰辅助市场化交易合约在青海省西宁市签订，标志着青海共享储能调峰辅助服务市场试点启动。签约单位分别是国网青海省电力公司、鲁能集团青海分公司、国电龙源青海分公司、国投新能源投资有限公司。这是我国首个由储能电站与集中式光伏电站之间开展的调峰辅助市场化交易，也是我国国内储能技术在促进新能源消纳方面首次规模化应用。在历时 10 天的共享储能调峰试点期间，累计充电量 80.36 万 kW·h，放电量65.8 万 kW·h，储能综合转换效率达到 81.90%。本次交易试点工作将验证储能参与调峰辅助服务市场的可行性，为青海电力辅助服务市场建设积累经验和数据。同时，将会有效激发储能行业的市场活力和产业动能，对未来储能发展具有引领示范意义。

4. 具备一定的事故备用能力

储能响应速度快，能快速适应负荷的急剧变化，可作为电力系统的事故备用。

3.3.3.3 风电场、光伏电站跟踪功率预测的电化学储能需求分析

1. 现行考核机制分析

目前青海省对于风电场、光伏电站的现行考核制度主要为《西北区域发电厂并网运行管理实施细则》及《西北区域并网发电厂辅助服务管理实施细则》（简称为"两个细则"），主要有以下方面：

（1）有功控制系统运行性能考核。

（2）无功功率调节能力要求。

（3）功率预测准确率考核。

2. 风电、光伏电站日出力与计划出力偏差情况分析

风能、太阳能具有随机性和间隙性的特点，同时预测系统也存在一定的误差，因此在实际运行中，风电场、光伏电站的实际出力与预测发电量常常存在一定的偏差，甚至偏差值可能会非常大。从而对电网产生较大影响，给全网调度带来困难，这也是风电场、光伏电站受到调度部门考核的主要原因。以下分别对风电厂、光伏电站未配置储能系统的数据进行分析。

分别挑选青海省 1 座风电场、1 座光伏电站在 2018 年一定时间段的数据进行统计。诺木洪贝壳梁风电场上报功率与实际功率差异统计偏差大于 25% 的数值占比达到82%；中型蓄积光伏电厂上报功率与实际功率偏差大于 15% 的数值占比达到 75%。以上数据表明，风电场、光伏电站实际运行数据与预测数据普遍存在偏差，并且与《两个细则》考核标准偏差（风电场 25%、光伏电站 15%）相比，风电场、光伏电站

大部分状态下均存在被考核的情况。由于目前获得的风电场及光伏电站运行和预测数据较少，数据离散性相对较大。诺木洪贝壳梁风电场年出力偏差统计如图 3-7 所示，中型蓄积光伏电站某月日预测曲线最大误差统计如图 3-8 所示。

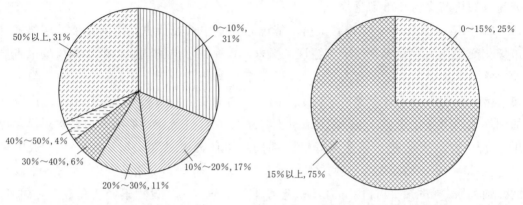

图 3-7　诺木洪贝壳梁风电场年出力　　　　图 3-8　中型蓄积光伏电站某月日预测
　　　　偏差统计（取值间隔 15min）　　　　　　　　曲线最大误差统计

3. 风电场、光伏电站模拟配置储能后出力拟合情况分析

为了减少风电功率波动性对电网的影响，引入储能设备可以提供新的解决方案。通过给风电场、光伏电站配置一定规模的储能设备，在电厂实际出力大于预测出力时进行充电，实际出力小于预测时进行放电，即多充少放，补偿这部分偏差值，使得电厂实际入网的出力与预测值尽量相匹配。

以诺木洪贝壳梁风电场、中型蓄积光伏电厂某日为例，按照"装机容量的 10%、持续运行 1h"配置储能进行仿真，结果如图 3-9～图 3-14 所示，仅日短期预测曲线

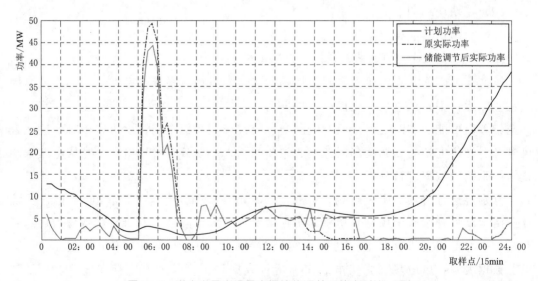

图 3-9　诺木洪贝壳梁风电场储能调节后功率对比（日）

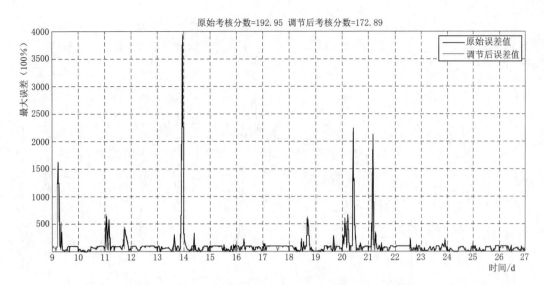

图 3-10　诺木洪贝壳梁风电场储能调节预测曲线误差值对比（月）

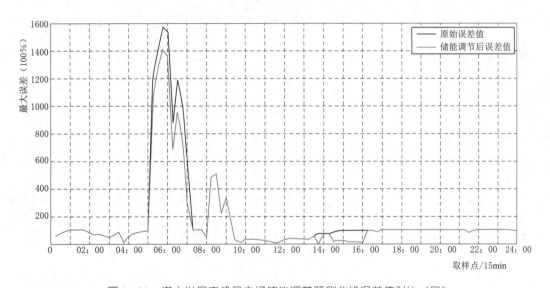

图 3-11　诺木洪贝壳梁风电场储能调节预测曲线误差值对比（日）

考核一项即可减少 10％，如果再计入投入储能对超短期预测曲线准确率的提升，储能配置对于整个风电场预测准确率会有明显的改善效果。

　　4. 风电、光伏储能配置比例分析

　　对于改善风电场的出力特性，配置储能参与调节实际出力是一个重要手段。为了更好地补偿偏差，储能容量配置越大越好，但是随之带来的设备投资也非常大，因此如何配置储能比例是需要重点考虑的问题。依照前述方法，依托风电场及光伏电站的运行数据，根据电厂容量选取 4 种典型的储能配置比例，对储能参与电厂调节的效

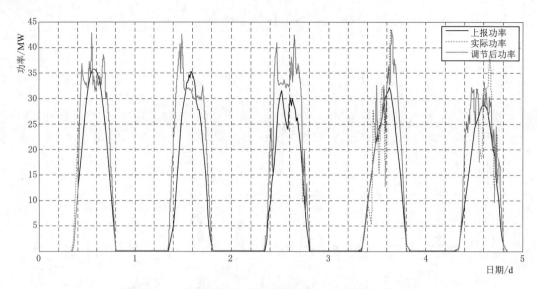

图 3-12 中型蓄积光伏电站储能调节后功率对比（5 天）

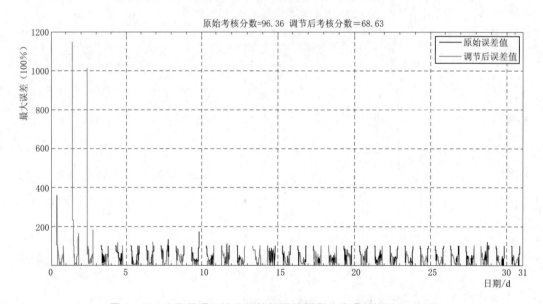

图 3-13 中型蓄积光伏电站储能调节预测曲线误差值对比（月）

果进行仿真，并按照"两个细则"的考核办法，计算各种比例的储能系统参与调节后电厂的偏差考核改善情况，结果见表 3-6 和表 3-7。

表 3-6　　　　　　　　　典型风电场各种储能配置方案下的效果对比

储能配置比例（与光伏电站容量比例/满充时间）	原始情况	10%/1h	10%/2h	20%/1h	20%/2h
考核分数	192.95	180.96	171.24	171.26	157.74
改善比例/%		6.21	11.25	11.24	18.25

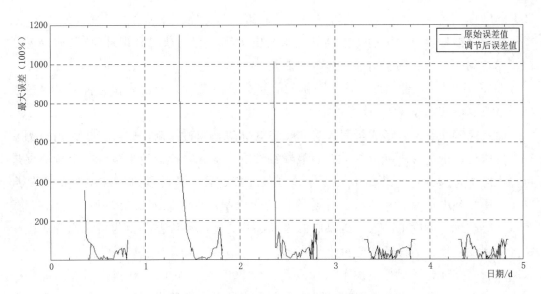

图 3-14　中型蓄积光伏电站储能调节预测曲线误差值对比（5 日）

表 3-7　　　　　　　　　　典型光伏电站各种储能配置方案下的效果对比

储能配置比例（与光伏电站容量比例/满充时间）	原始情况	10%/1h	10%/2h	20%/1h	20%/2h
考核分数	96.36	78.51	71.78	68.63	58.94
改善比例/%		18.53	25.51	28.77	38.83

由上述仿真分析结果来看，通过对不同比例储能参与风电场/光伏电站调节进行仿真。当储能功率为风电场装机/光伏电站容量的 10%～20%，储能容量按照满放 1～2h 考虑，能够明显改善风电场/光伏电站的出力情况，设备投资水平也能为各方面接受。其中，由于光伏电站的整体预测情况较风电场更好，同样比例的储能配置下，对电站的偏差改善情况也显著。

3.3.4　负荷侧电化学储能配置原则

负荷侧分散式配置储能，具有减少系统损耗、降低区域能耗、改善负荷特性及电能质量、降低上级电网的容量配置需求、减少系统备用率等诸多优点。这部分电化学储能主要由用户自行投资，也可由多方共同投资建设、并与用户共同商定运营模式。

青海省目前不执行峰谷电价，用户采用平段价格，但清洁能源大发时刻与负荷高峰存在错峰情况，同时存在峰谷差和弃风弃光的情况。根据国家发展改革委、科技部、工信部和国家能源局联合印发的《贯彻落实〈关于促进储能技术与产业发展的指导意见〉2019—2020 年行动计划》（发改办能源〔2019〕725 号）："引导地方根据《国家发展改革委关于创新和完善促进绿色发展价格机制的意见》（发改价格规

〔2018〕943 号），进一步建立完善峰谷电价政策，为储能行业和产业的发展创造条件，探索建立储能容量电费机制，推动储能参与电力市场交易获得合理补偿。"如果遵照该指导意见执行，有助于引导负荷侧储能发展。

2019 年 9 月 10 日，青海省发展和改革委员会印发《关于创新和完善促进绿色发展价格机制的实施意见》，该意见指出：

（1）完善峰谷电价形成机制。建立峰谷电价动态调整机制，进一步扩大销售侧峰谷电价执行范围，合理确定并动态调整峰谷时段。制定完善清洁采暖峰谷电价，促进可再生能源合理消纳。鼓励市场主体签订包含峰、谷、平时段价格和电量的交易合同。利用峰谷电价差、辅助服务补偿等市场化机制，促进储能发展。利用现代信息、车联网等技术，鼓励电动汽车提供储能服务，并通过峰谷价差获得收益。完善居民阶梯电价制度，推行居民峰谷电价。

（2）完善部分环保行业用电支持政策。到 2025 年年底前，对实行两部制电价的污水处理企业用电、电动汽车集中式充换电设施用电、港口岸电运营商用电，免收基本电费。

为了达到储能系统的最大经济收益，负荷侧配置储能相应的配置原则应包括：

（1）充分利用低储高发，获得储能系统的电量效益。综合考虑到储能系统的充放电寿命及运行维护的简化，储能系统充放电策略可采用每天一充多放的形式，即低谷时期充满电，不同高峰时段分别放一定电量，直至最后放完。

（2）降低备用容量，获得储能系统的容量效益。储能系统投入运行，应使得用户负荷有所降低，保证高峰段储能系统放电时，不宜造成高峰时段向电网倒送电情况。低谷时期充电时，最高负荷不超过平段最高负荷和高峰放电后的最高负荷。

（3）配置适宜的容量，保证储能系统的年重复利用效率高。为了保证储能的经济效益，应配置适宜的容量。储能系统运行原则上以每天为一周期，并可充分利用储能系统容量。

第 4 章

青海共享储能规划技术研究

4.1 储能系统的配置要求

随着青海省示范项目和商业化项目的持续推进，储能将在电网中呈现多点分布的特性，多点布局的储能系统通过电力系统统一调度，可实现多点分布式储能的有序聚合。除了满足就地应用功能外，也可为电网提供紧急功率支撑，提高电网安全稳定性，有效提升电网对可再生能源的消纳能力，丰富电网调峰、调频和调压等辅助服务手段，使电力系统变得更加"柔性"和"智能"，促进电网发展模式变革。

以创建可再生能源示范省为依托，针对储能在不同应用场景、不同应用功能下的容量配置进行广泛研究，主要包括储能在可再生能源发电系统中实现平抑功率波动、减少备用容量、提高接纳能力、提高功率预测误差等应用功能下的容量配置；储能在配电网或微网中改善高渗透率分布式光伏对并网点的影响、减少弃光、平抑新能源电源出力波动、削峰填谷、提高供电质量等应用功能下的容量配置。因此，研究提高新能源消纳的储能系统的容量优化配置方法，提出海西州、海南州新能源集中接入地区储能配置方案。

以青海省大量建设的光伏电站为例，在光伏发电系统中接入储能装置的首要目的在于改善整个光伏发电系统的时间-功率输出曲线，减少间歇式可再生能源对电网的不利影响。针对海西州地区弃光严重的现象，储能系统可对其进行削峰填谷，提高光伏发电利用率。因此，储能系统的功率/容量配置与其在光伏发电系统中实现的具体功能相关。光伏发电系统中配置储能电池通常可实现以下功能：

（1）弃光就地吸纳。目前，我国西北地区新能源发电由于电网输送能力受限、负荷分布不均衡、新增光伏发电容量增长迅猛，导致新能源发电不能就地消纳，出现了光伏弃光现象。《2020 年青海电网运行方式》显示，2020 年青海省弃光率达到了 12.3%，若采用储能系统可实现对弃光的存储，通过控制储能电池的充放电过程，将白天弃发的光伏功率利用储能系统储存起来，在需要的时候将储存的电量释放出来。一般情况下，光伏电站弃光率越高，所需配置的储能电池的功率和容量越大。

（2）储能系统参与电网调频。储能技术最突出的优点是快速精确的功率响应能力，能够快速响应电网调度解决区域电网的短时随机功率不平衡问题，储能系统能够在 1s 之内完成 AGC 调度指令，与此相对的水电机组对有功功率的调节响应速度较慢，通常需要 1min 以上才能完成调节要求。由于储能调频效果远好于水电机组，相对少量的储能能够有效提升以水电为主的电力系统的整体 AGC 调频能力、保证系统频率的稳定、提高频率及联络线功率的合格率、提升电网运行的可靠性及安全性。

4.2　多应用场景储能系统容量配置

4.2.1　储能应用在可再生能源发电系统中的容量配置方法

为平抑可再生能源的波动，采用储能系统进行容量配置，主要目的是实现平抑功率波动、减少备用容量、提高接纳能力、提高功率预测误差等应用功能。具体容量配置如下：

容量配置所需的功率 $P_H(t)$ 为

$$P_H(t) = P_{Li}(t) = P_N(t) - P_{out}(t) \tag{4-1}$$

式中　P_{Li}——磷酸铁锂电池的输出功率；

　　　P_N——可再生能源的输出功率；

　　　P_{out}——新能源发电后的送出功率。

充分考虑一个运行周期内（24h）变流器效率和储能系统的充电效率，负荷的最大需求，储能系统配置额定输出功率 P_{HESS} 应满足

$$P_{HESS} = \max \left\{ \begin{array}{l} \displaystyle\sum_{t=0}^{24} \frac{P_{Li}(t)}{\eta_1 \eta_2 \eta_{Li\_1}} \\ \displaystyle\sum_{t=0}^{24} \left[P(t)_{N\_min} - P(t)_{out\_max} \right] \end{array} \right\} \tag{4-2}$$

式中　　η_1——DC/DC 的效率；

　　　　η_2——DC/AC 的效率；

　　　　η_{Li_1}——磷酸铁锂电池的充电效率；

　　$P_{N\_min}(t)$——某一时刻可再生能源输出最小值；

　$P_{out\_max}(t)$——某一时刻负荷需求最大值。

考虑变流器效率和储能系统的充放电效率时，储能系统的实时功率为

$$P_{H\_0}(t) = \begin{cases} P_{Li}(t) \eta_1 \eta_2 \eta_{Li\_2} & P_H(t) > 0 \\ \dfrac{P_{Li}(t)}{\eta_1 \eta_2 \eta_{Li\_1}} & P_H(t) \leqslant 0 \end{cases} \tag{4-3}$$

式中　$\eta_{\text{Li\_2}}$——磷酸铁锂电池的充电效率。

储能系统各种类型荷电状态 $SOC_{\text{Li\_k}}$ 为

$$SOC_{\text{Li\_k}} = SOC_{\text{Li\_0}} + \frac{\int_0^{24} P_{\text{Li\_0}}(t)\,\mathrm{d}t}{E_{\text{Li}}} \tag{4-4}$$

式中　$P_{\text{Li\_0}}(t)$——磷酸铁锂电池的实时功率；

　　　$SOC_{\text{Li\_0}}$——磷酸铁锂电池初始荷电状态，运行时满足荷电状态不越限；

　　　E_{Li}——磷酸铁锂电池的输出能量。

储能系统总体荷电状态 SOC_{k} 为

$$SOC_{\text{k}} = SOC_0 + \frac{\int_0^{24} P_{\text{H\_0}}(t)\,\mathrm{d}t}{E_{\text{H}}} \tag{4-5}$$

式中　$P_{\text{H\_0}}(t)$——储能系统的实时功率；

　　　SOC_0——储能系统的初始荷电状态。

充分考虑一个运行周期内（24h）变流器效率和储能系统的充电效率，负荷的最大需求，储能系统配置额定输出能量 E_{HESS} 应满足

$$E_{\text{HESS}} = \max \left\{ \begin{array}{c} \dfrac{\max \int_0^{24} P_{\text{Li\_0}}(t)\,\mathrm{d}t}{SOC_{\text{Li\_max}} - SOC_{\text{Li\_0}}} \\[4mm] \dfrac{\min \int_0^{24} P_{\text{Li\_0}}(t)\,\mathrm{d}t}{SOC_{\text{Li\_min}} - SOC_{\text{Li\_0}}} \end{array} \right\} \tag{4-6}$$

式中　$SOC_{\text{Li\_max}}$——储能装置荷电状态的上限；

　　　$SOC_{\text{Li\_min}}$——储能装置荷电状态的下限。

为平滑可再生能源的功率输出，以调节后的功率变化差值的绝对值最小为优化目标，建立目标函数 f_1 为

$$f_1 = \min \left\{ \sum_{t=0}^{24} \left| P_{\text{N}}(t) + P_{\text{H\_0}}(t) - P_{\text{out}}(t) \right| \right\} \tag{4-7}$$

满足的约束条件为：

（1）为提高储能系统使用寿命，要求蓄电池运行时不越限，即

$$SOC_{\text{Li\_min}} < SOC_{\text{Li\_k}} \leqslant SOC_{\text{Li\_max}} \tag{4-8}$$

（2）储能系统的输出能量变化满足可再生能源与负荷之间的差值变化，即

$$\Delta E_{\text{Li}}(t) = \left| \Delta E_{\text{N}}(t) - \Delta E_{\text{out}}(t) \right| \tag{4-9}$$

（3）储能应满足最大功率波动要求，即

$$P_{H\_0}(t) \geqslant \Delta P_{max} \tag{4-10}$$

4.2.2 用于削峰填谷的容量配置方法

储能系统接入电网，储能电池经直交变换、升压变压器升压后接入大电网。储能技术用于电网削峰填谷的容量配置，包括功率配置和容量配置。储能系统的功率需满足系统调峰的功率限值，功率和容量的计算公式为

$$P_{ESS} = max(|\Delta P_1|, |\Delta P_2|, \cdots, |\Delta P_N|) \tag{4-11}$$

$$E_{ESS} = max(N_1, N_2) \tag{4-12}$$

$$N_1 = max(|\Delta P_1 \Delta T|, |\Delta P_1 \Delta T + \Delta P_2 \Delta T|, \cdots, |\Delta P_1 \Delta T + \Delta P_2 \Delta T + \cdots + \Delta P_N \Delta T|) \tag{4-13}$$

$$N_2 = max\left(\begin{array}{l} \left| \sum_{i=1}^{m_1} \Delta P_i \Delta T \right| \\ \left| \sum_{i=m_2}^{m_3} \Delta P_i \Delta T \right|, \cdots, \left| \sum_{i=m_j}^{m_n} \Delta P_i \Delta T \right| \end{array} \right) \tag{4-14}$$

式中　　　　　　　P_{ESS}——储能系统功率；

E_{ESS}——储能系统容量；

ΔP_i——各个时刻储能系统出力需求；

ΔT——样本数据采样时间间隔；

$1 \sim m_1$、$m_2 \sim m_3$、$\cdots$、$m_j \sim m_n$——样本数据中需要储能不间断充电/放电的数据采样时刻，其中不间断充电时间定义为连续不放电时间，不间断放电时间定义为连续不充电时间。

考虑储能系统充放电平衡约束，控制储能系统的充放电，其控制策略如图 4-1 所示。

4.2.3 协调区域配电网储能容量配置方法

储能在配电网或微网中改善高渗透率分布式光伏对并网点的影响、减少弃光、平抑分布式电源出力波动、削峰填谷、提高供电质量等应用功能下的容量配置。在协调配电网下各个区域配电网群之间的功率动态平衡，储能系统输出功率 $P_{H\_1}(t)$ 满足

$$P_{H\_1}(t) = \sum_{k=1}^{n} P_{micro\_k}(t) - \sum_{j=1}^{m} P_{L\_j}(t) - P_G(t) \tag{4-15}$$

式中　$P_{micro\_k}(t)$——区域配电网的实时输出功率；

n——区域配电网节点数；

$P_{L\_j}(t)$——400V 母线上的负荷功率；

m——负荷数；

$P_{G}(t)$——上网实时功率。

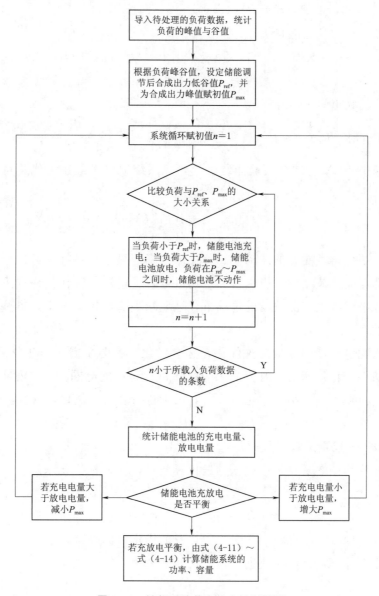

图 4-1 储能系统的充放电控制策略

（1）当各个区域配电网系统向电网输送功率时，首先要考虑区域配电网群整体输出是否满足 400V 母线上负荷的供电需求。当满足负荷需求时，考虑母线上的储能是否能充满。当充满时，多余发电量向电网送电；若没充满，则储能装置的存储能量 E_{H_1} 为

$$E_{H\_1}(t+1)=E_{Li\_1}(t+1)=E_{Li\_1}(t)\eta_{Li\_2}+[P_{micro\_k}(t)-P_{L\_j}(t)]\cdot t \quad (4-16)$$

式中 $E_{Li\_1}(t)$——母线上磷酸铁锂电池的存储能量。

（2）当区域配电网群整体输出不满足 400V 母线上负荷的供电需求，此时需要向电网购电。则

$$P_G(t) = P_{L\_j}(t) - P_{micro\_k}(t) - P_{H\_1}(t) \tag{4-17}$$

此时储能装置的存储能量 E_{H_1} 为

$$E_{H\_1}(t+1) = E_{Li\_1}(t+1) = E_{Li\_1}(t)\eta_{Li\_2} + [P_G(t) + P_{micro\_k}(t) - P_{L\_j}(t)] \cdot \Delta t \tag{4-18}$$

此时负荷的缺电量为

$$P_q(t) = P_G(t) = P_{L\_j}(t) - P_{micro\_k}(t) - \frac{E_{H\_1}(t) - E_{Li\_0}SOC_{Li\_min}}{\Delta t} \tag{4-19}$$

在配电网中 400V 母线加入储能装置后，以系统缺电率最小为优化目标，目标函数为

$$f_1 = \min\left\{ \sum_{t=0}^{24\times 365} \frac{P_q(t)}{P_L(t)} \right\} \tag{4-20}$$

以配电网中可再生能源的波动率、负荷缺电率等最小为目标，对比分析储能和单一储能对平抑新能源波动效果影响，并对购电量减少量进行对比，根据不同的优化目标权重，在抑制可再生能源波动的情况下合理地减小负荷的缺电率，提升配电网系统的供电可靠性。

储能加入配电网后的容量配置优化，选取优化目标为平滑可再生能源功率输出，以调节后的功率变化差值的绝对值最小为优化目标；在配电网中 400V 母线加入储能装置后，以负荷缺电率最小为优化目标。对两者进行多目标优化，其目标函数为

$$f = \min(c_1 f_1 + c_2 f_2) \tag{4-21}$$

式中　c_1、c_2——权重系数，且满足 $c_1 + c_2 = 1$。

采用自适应罚函数及自适应权重的遗传算法进行多目标优化求解。考虑带有两个目标的最小化问题

$$\min\{z_1 = f_1(x), z_2 = f_2(x)\} \tag{4-22}$$

式中　$f_1(x)$、$f_2(x)$——式（4-21）中提及的优化目标函数。

对于给定个体 x，目标函数进行归一化处理为

$$z(x) = \sum_{r=1}^{2} \frac{f_r(x) - z_r^{min}}{z_r^{max} - z_r^{min}} \tag{4-23}$$

式中加入 $z_r^{max} - z_r^{min}$ 是为了将所求的目标函数归一化到 0～1 区间范围内，当对目标函数进行加权处理后，将其转化成求解范围在 0～2 区间范围内。

采用自适应罚函数和自适应权重的优化的目标函数为

$$f(x) = \sum_{r=1}^{2} \frac{f_{r,z}(x) - f_{r,z,min}}{f_{r,z,max} - f_{r,z,min}} + \frac{f_{r,z}(x) - f_{r,z,min}}{f_{r,z,max} - f_{r,z,min}} \tag{4-24}$$

式中　r——目标函数的个数；

　　　z——染色体的个数；

$f_{r,z,\min}$——采用改进遗传算法进行寻优时目标函数 r 所输出的最小值；

$f_{r,z,\max}$——采用改进遗传算法进行寻优时目标函数 r 所输出的最大值。

　　自适应罚函数的表达式为

$$G_y(x) = 1 - \frac{1}{3}\left(\frac{\Delta P_z(x)}{\Delta P_z^{\max}}\right)^{\alpha_1} - \frac{1}{3}\left(\frac{\Delta E_z(x)}{\Delta E_z^{\max}}\right)^{\alpha_2} - \frac{1}{3}\left(\frac{\Delta SOC_z(x)}{\Delta SOC_z^{\max}}\right)^{\alpha_3} \quad (4-25)$$

式中　$\Delta P_z(x)$——由种群中第 z 个个体 x 计算出的系统节点储能系统的不满足功率偏差值总和；

　　　$\Delta E_z(x)$——由种群中第 z 个个体 x 计算出的不满足容量偏差值总和；

　　$\Delta SOC_z(x)$——由种群中第 z 个个体 x 计算出的不满足系统荷电状态偏差值总和；

　　　$\Delta P_{z\max}$——对应该种群中功率不满足要求最严重的值；

　　　$\Delta E_{z\max}$——对应该种群中容量不满足要求最严重的值；

　　$\Delta SOC_{z\max}$——对应该种群中荷电状态不满足要求最严重的值。

　　采用自适应罚函数及自适应的权重遗传算法对多目标优化求解，实现了对储能系统在配电网合理容量配置，实现配电网的经济运行。

4.2.4　多应用场景下算例分析

4.2.4.1　可再生能源系统储能配置——以光伏电站为例

　　基于光伏电站的数据样本计算储能系统的功率需求，筛选出在光伏出力高峰时段储能系统的充电功率值。经过统计分析计算，200MW 的光伏电站配置 20MW×4h 的储能，基本能吸纳光伏电站的弃光量，削峰并减少电网扩容成本。

　　不同储能容量下可减少的弃光量分析表见表 4-1。储能时长与年度减少弃光量关系如图 4-2 所示。

表 4-1　　　　　　　　　不同储能容量下可减少的弃光量分析表

储能功率 /MW	储能时间 /h	储能容量 /(MW·h)	减少弃光量 /(MW·h)	年度上网电量 /(MW·h)	年发电小时数 /h
0	0	0	0	90624	1813
15	1.3	20.0	5618	96242	1925
	1.5	22.5	6179	96802	1936
	2.0	30.0	7616	98239	1965
	2.5	37.5	8588	99211	1984
	3.0	45.0	9200	99824	1997
	3.5	52.5	9563	100190	2004
	4.0	60.0	9713	100340	2007

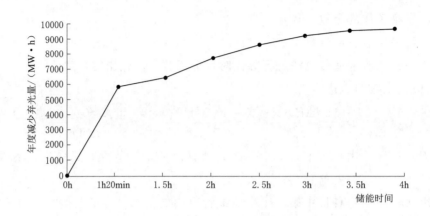

图 4-2　储能时长与年度减少弃光量关系图

根据国家能源局《关于促进电储能参与"三北"地区电力辅助服务补偿（市场）机制试点工作的通知》（国能监管〔2016〕164 号），要求建设作为独立主体的光伏电站其容量必须达到 10MW×4h；另外，根据光伏电站实测数据，电站每天"弃光"时间为 10：00—15：00，"弃光"时长约为 5h。

综上，储能系统的功率/容量匹配关系应根据当地的光伏资源特性进行仿真分析，依据储能系统的配置目标，确定最佳的储能系统功率/容量配置，使得储能系统的综合效益最优。由于主要考虑经济性因素，该光伏电站配置储能容量按照 20WM×4h 选取。

4.2.4.2　配电网中储能配置

建立包含两个区域配电网节点的配电网系统，其中区域配电网节点 1 包含 10kW 模拟风电机组，10kW 模拟光伏；区域配电网节点 2 包含 20kW 风电机组，10kW 光伏。选取 24h 为运行周期，首先，以区域配电网 2 为研究对象，研究分析储能系统对可再生能源波动的抑制作用。最后根据可再生能源或各区域配电网不同功率等级合理配置储能系统的容量，在不同时间常数下对不同储能容量进行合理配置。蓄电池的容量配置方案如图 4-3 所示。可以看出，时间常数越小，蓄电池需要配置的容量越大，因此为实现不同的优化目标需选取合适的滤波时间常数。

综上所述，采用储能系统后各个区域配电网节点和可再生能源的波动功率得到明显抑制，随着时间常数增加，超级电容需要配置的容量越来越大，储能系统成本极速增加，所以时间常数不宜选择过大。

采用自适应遗传算法进行多目标优化，选取权重系数 c_1、c_2 均为 0.5，多目标优化结果如图 4-4 所示。

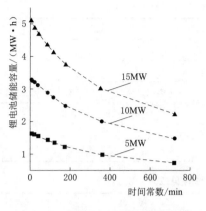

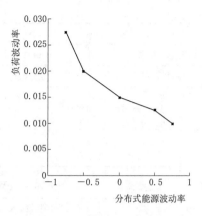

图 4-3 蓄电池的容量配置方案图   图 4-4 多目标优化结果

可见，采用基于储能的配电网容量配置方法能够有效地抑制可再生能源波动，同时降低母线上的负荷缺电率，该算例实现了对储能系统在配电网的合理容量配置，满足供电的可靠性和系统的经济运行。

4.2.4.3 微电网储能配置

以 IEEE RTS 24 节点作为现有多微电网连接拓扑结构，此结构中共计 24 个节点，其中在节点 1、节点 4、节点 6、节点 8、节点 15、节点 19、节点 23 并入微电网，设置节点 8 为并网点。拟安装 3 个储能系统，为简化计算求解难度，初步设定可以安装位置有 5 处，包括节点 2、节点 9、节点 15、节点 17、节点 20，各个微电网基本参数见表 4-2。

表 4-2   各个微电网基本参数

参数设置	模拟风电机组/kW	模拟光伏/kW	参数设置	模拟风电机组/kW	模拟光伏/kW
微电网节点 1	50	25	微电网节点 4	50	50
微电网节点 2	25	50	微电网节点 5	50	0
微电网节点 3	25	25	微电网节点 6	0	50

选用磷酸铁锂电池作为研究对象，IEEE RTS 24 中线路仿真分析基本参数设定及各个单位容量成本见表 4-3、表 4-4。

表 4-3   仿真分析基本参数设定

名　　称	参　　数	说　　明
联络线额定电压	0.4kV	—
外部电网等效阻抗	$(0.25+j0.7)\Omega$	$X_0/R_0=3$
线路型号	LGJ-300	—
线路单位电阻	$1.51\Omega/km$	—

续表

名　　称	参　　数	说　　明
线路单位电抗	$0.08\Omega/km$	—
线路截面积	$300mm^2$	—
线路长度	$0.6km \times aj$	j 为联络线个数，$j=23$；aj 给定随机数
储能系统供电半径	$7km \times bh$	h 为储能系统个数，$h \leqslant 5$
负荷	$(25+jg_r)kW$	功率因数 0.9 g_r 为随机数，$g_r > 0$

表 4 - 4　　　　　　　　基本参数及各个单位容量成本

基 本 参 数	取值	基 本 参 数	取值
Γ_1	5110	Cl_loss/[万元/(kW·h)]	0.15
Γ_2	−14120	CMG_i,loss/[万元/(kW·h)]	0.29
Γ_3	12820	βES_k/[万元/(kW·h)]	0.13
Γ_4	−5	σES_z	0.7
Γ_5	−3270	σES_y	0.3
γ	5	ϕ_1	0.5
D_1, D_2, D_3, D_4, D_5	5，4，3，2，1	ϕ_2	0.5

在对微电网群进行储能容量配置时，根据分时电价政策模拟储能系统调控方案，根据微电网群的供需关系确定各个子系统所需配置储能容量，以某地区分时电价作为参考，在尖峰时段、高峰时段、平时段、低谷时段的电价分别为 1.45 元/(kW·h)、1.15元/(kW·h)、0.72 元/(kW·h)、0.36 元/(kW·h)，某地分时电价如图 4 - 5 所示。

根据拟安装储能系统容量配置个数可以确定 SOH 阶梯段数，继而可以确定储能系统的运行寿命。第一梯度中储能系统充放电次数在 4000 次以上，第二梯度为3000～4000 次，第三梯度为 2000～3000 次，SOH 梯度设置与 SOC 变化关系曲线如图 4 - 6 所示。

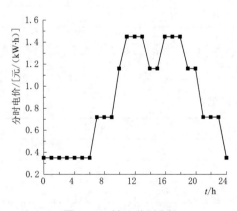

图 4 - 5　某地分时电价

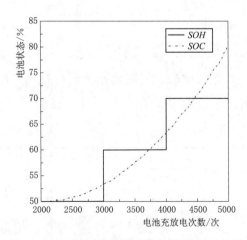

图 4 - 6　SOH 梯度设置与 SOC 变化关系曲线

根据 SOH 与 SOC 变化关系设置 SOH 后，再根据分时电价政策、微电网群的供需平衡关系等对储能系统 24h 充放电安全裕度进行设定，以进一步确定动态安全裕度的设定对寿命的影响。动态安全裕度设定前后储能系统健康度对比如图 4-7 所示，可以看出在充放电次数达到 300 次时，健康度提高了 1.3%。

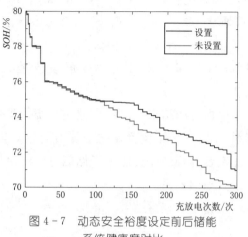

图 4-7 动态安全裕度设定前后储能系统健康度对比

考虑多目标优化中各个子目标对整体选址定容的影响程度，设置 3 种不同权重下储能系统的配置方案：①设置每个目标权重取值相同，取 $a_1=a_2=b_1=b_2=c_1=c_2=0.5$；②设置网损对应的权重系数最大，取 $a_1=0.2$，$a_2=0.8$，$b_1=0.5$，$b_2=0.5$，$c_1=0.5$，$c_2=0.5$；③设置平抑偏差值对应的权重系数最大，取 $a_1=0.5$，$a_2=0.5$，$b_1=0.8$，$b_2=0.2$，$c_1=0.2$，$c_2=0.8$，考虑分时电价政策及 SOH 梯度设置，储能系统容量配置参照表见表 4-5。

表 4-5 储能系统容量配置参照表

配置方案	名 称	储能系统 1	储能系统 2	储能系统 3
方案 1	权重设置 1	$a_1=a_2=b_1=b_2=c_1=c_2=0.5$		
	并网节点	9	2	20
	并网容量/(kW·h)	52	59	67
	ΔSOH 极值/%	30	25	27
方案 2	权重设置 2	$a_1=0.2$，$a_2=0.8$，$b_1=b_2=0.5$，$c_1=c_2=0.5$		
	并网节点	9	17	15
	并网容量/(kW·h)	72	46	43
	ΔSOH 极值/%	30	23	23
方案 3	权重设置 3	$a_1=a_2=0.5$，$b_1=0.8$，$b_2=c_1=0.2$，$c_2=0.8$		
	并网节点	9	2	20
	并网容量/(kW·h)	90	34	37
	ΔSOH 极值/%	30	26	26

由表 4-5 可以看出，设置多目标优化求解，权重的不同导致储能系统选址定容具有一定差异性。当设置权重系数 $a_1=a_2=b_1=b_2=c_1=c_2=0.5$ 时，由于设置节

点 8 为多微电网并网点，储能系统选址在节点 9；当设置权重系数 $a_1=0.2$，$a_2=0.8$，$b_1=b_2=0.5$，$c_1=c_2=0.5$ 时，网损对应的权重系数最大，所以储能系统 2、3 选址在节点 17、节点 15，储能系统容量配置较大；当设置权重系数 $a_1=a_2=0.5$，$b_1=0.8$，$b_2=c_1=0.2$，$c_2=0.8$ 时，根据储能电池健康度设置荷电状态的极限值，平抑偏差值对应的权重系数最大，所以储能系统 2、3 选址在节点 2、节点 20。

根据分析结果可以看出储能系统容量选址定容随着权重系数设置不同而改变，储能系统 2、3 由于设置权重系不同导致整个系统选址定容都发生改变。并且在系统选址定容过程中充分考虑了储能电池健康度，并网点周围的储能系统健康度裕度明显高于其他储能系统。

以方案 3 权重系数设置为 $a_1=a_2=b_1=b_2=0.5$，$c_1=0.2$，$c_2=0.8$ 时为例，以回收期为 10 年计算，对比分析是否采用储能系统的初始投资成本差异性，负荷损失成本、DG 损失成本、ES 容量越限损失成本，储能系统的各项成本对比如图 4-8 所示。

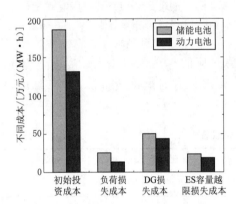

图 4-8　储能系统的各项成本对比

可以看出，采用储能系统，有效地降低了初始投资成本、负荷损失成本、DG 损失成本、ES 容量越限损失成本，但存在的缺陷性是使用寿命较储能电池少。

考虑是否设置 SOH 对储能配置的影响，同样选取 $a_1=0.5$，$a_2=0.5$，$b_1=0.8$，$b_2=0.2$，$c_1=0.2$，$c_2=0.8$ 为例，未设置 SOH 时储能系统容量配置参照表见表 4-6。

表 4-6　　　　　　　　　未设置 SOH 时储能系统容量配置参照表

名　称	储能系统 1	储能系统 2	储能系统 3
权重设置	$a_1=0.5$，$a_2=0.5$，$b_1=0.8$，$b_2=0.2$，$c_1=0.2$，$c_2=0.8$		
并网节点	9	2	20
并网容量/(kW·h)	84	30	32
ΔSOH 极值/%	30	30	30

可以看出，未设置 SOH 与设置 $\Delta SOH=30\%$ 时，储能系统 1、2、3 容量配置由原来的 90kW·h、34kW·h、37kW·h 减小为 84kW·h、30kW·h、32kW·h，其中未改变 ΔSOH 的储能系统 1 容量同样减小了 6.67%，说明微电网之间存在功率交互。储能系统 2、3 容量减小了 8.82%、8.64%。

在以上分析的基础上，监测 SOH 对储能系统 1、2、3 容量衰减度的影响，结果如图 4-9 所示。可以看出由于未改变 $\Delta SOH = 30\%$ 设置值，储能 1 的容量衰减度差异相对较低。而储能系统 2、3 容量衰减度较大，储能 2 在 3600 次时，已达到衰减度 40%，储能 3 在 3200 次时，已达到衰减度 40%。

　　本节对比分析了设置电池 SOH 对容量配置的影响，若未设置 SOH 会有效减少储能系统的配置容量，但很大程度上提高了储能系统的容量衰减度，间接得出 SOH 的设定提高了储能系统运行寿命。

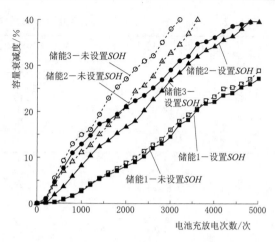

图 4-9　SOH 对电池容量衰减度影响对比分析图

4.3　储能系统容量配置方案

4.3.1　海西州地区储能配置方案

　　储能系统根据当地近两年弃光量配置相应的储能容量，白天吸收光伏风电弃风弃光的电量，夜晚再将这部分能量释放出来，提高了光伏发电的利用率。储能系统能量调度策略的制定要以一定的数据和控制目标作为决策基础。其中，数据包括光伏电站出力数据、储能系统状态数据等。其能量调度策略为：

　　（1）在光伏发电系统总功率输出较大且超过调度要求出力大小时，对储能电池进行充电，使得光伏电站始终能够满足电网调度对于出力限制的要求。若充电量接近储能电池容量时，需考虑后续将弃部分光。

　　（2）在光伏出力峰值过后，并在光伏昼间出力时段内，控制电池储能系统恒功率放电，放电至电池储能系统 SOE 工作范围下限值，然后储能系统停止工作，保证储能系统的工作时间在光伏电站的发电时间内。

4.3.1.1　各类型储能电池参数

　　主要考虑磷酸铁锂离子电池、铅炭电池、全钒液流电池三种类型。铅酸电池由于循环寿命过短，不予考虑，各类型电池系统的技术经济参数见表 4-7。

4.3.1.2　海西州地区新能源消纳分析

　　对海西州地区多个光伏电池的出力数据进行统计和分析，结果表明同一地区内各光伏电站运行状态差异较大，光伏最大出力大于 90% 额定出力的概率为 5%～20%，大于 80% 额定出力的概率为 20%～40%，但各光伏电站的典型出力曲线较一致。某 30MW 光伏电站不同时刻典型日出力曲线如图 4-10 所示。

表 4-7   各类型电池系统的技术经济参数

储能类型	投资成本 /[万元/(MW·h)]	运维成本 /[万元/(MW·a)]	循环次数/次	放电深度/%	充放电效率
磷酸铁锂离子电池	155～180	15.5	4300～6000	80～90 (SOC 0.1～1)	0.92
铅炭电池	130～150	9.3	3500～4000	60 (0.4～1)	0.80
全钒液流电池	377	12.4	10000	100 (0～1)	0.75

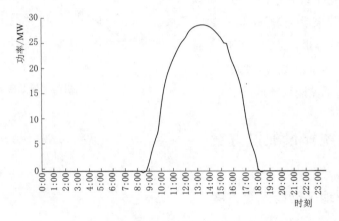

图 4-10 某 30MW 光伏电站不同时刻典型日出力曲线

考虑到各光伏电站的同时率，乘以同时系数 0.9，可获得海西州地区的光伏发电总出力曲线，不同时刻典型日出力曲线如图 4-11 所示，可以看出最大光伏出力约 3300MW。

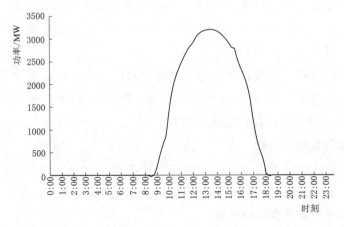

图 4-11 海西州地区光伏不同时刻典型日出力曲线

风电日最大出力接近满功率运行的概率大约为 27%，大于 90% 额定功率运行的概率大约为 45%。但风电出力随机性更大，某 50MW 风电场各时刻最大出力曲线如图 4-12 所示，因此考虑将其作为典型日出力曲线进行计算。

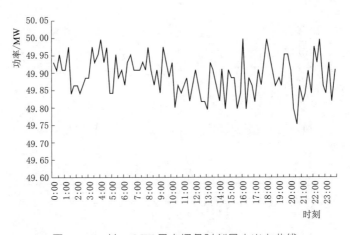

图 4 - 12　某 50MW 风电场各时刻最大出力曲线

同样考虑到各电站的同时率，乘以同时系数 0.9，获得海西州地区风电典型日出力曲线如图 4 - 13 所示。

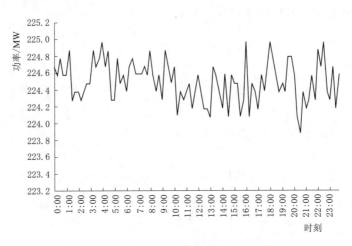

图 4 - 13　海西州地区风电典型日出力曲线

综上所述，可以获得海西州地区新能源发电典型日出力曲线，具体变化曲线如图 4 - 14 所示，日最大出力为 3526MW。

全接线方式下，海西州地区午间负荷小于 95 万 kW·h，海西州送出断面限额为 240 万 kW；海西州地区午间负荷为 95 万～115 万 kW·h，海西州送出断面限额为 210 万 kW。储能用于提高海西州地区新能源消纳时，考虑海西州地区新能源最大消纳能力约束为 320 万 kW。由于送出断面受限问题，海西州地区新能源消纳仍然受限约 914MW，新能源弃风弃光率大约 10.6%。

4.3.1.3　海西州地区储能配置计算

海西州地区储能选型及容量配置应综合考虑经济成本因素开展。综合海西州地区各光伏电站及风电场的上网电价，根据容量比得到整个海西州地区的综合上网电价为

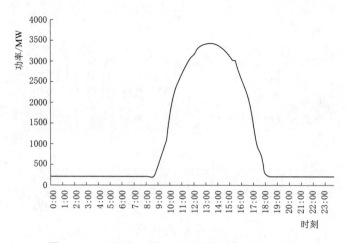

图4-14　海西州地区新能源发电典型日出力曲线

0.88元/(kW·h)，购电成本按综合电价的10%考虑，即0.088元/(kW·h)。

各类型储能电池的容量优化目标函数可表达为

$$
\begin{cases}
\begin{aligned}
\max F_{Li} = &\ 365 \times 0.088 \times 0.9E - 365 \times 0.0088 \cdot \frac{E}{0.92} \\
&- 155E \times \frac{0.06 \times (1+0.06)^{12}}{(1+0.06)^{12}-1} - 15.5P
\end{aligned} \\
\begin{aligned}
\max F_{Lc} = &\ 365 \times 0.088 \times 0.6E - 365 \times 0.0088 \cdot \frac{E}{0.8} \\
&- 140E \times \frac{0.06 \times (1+0.06)^{10}}{(1+0.06)^{10}-1} - 9.3P
\end{aligned} \\
\begin{aligned}
\max F_{Va} = &\ 365 \times 0.088 \times 1E - 365 \times 0.0088 \cdot \frac{E}{0.75} \\
&- 377E \times \frac{0.06 \times (1+0.06)^{20}}{(1+0.06)^{20}-1} - 12.4P
\end{aligned}
\end{cases}
\tag{4-26}
$$

式中　Li——锂离子电池系统；

Lc——铅炭电池系统；

Va——全钒液流电池储能系统。

将上述优化目标简化为

$$
\begin{cases}
\max F_{Li} = 28.908E - 3.49E - 18.49E - 15.5P = 6.928E - 15.5P \\
\max F_{Lc} = 19.2E - 4.015E - 19.02E - 9.3P = -3.83E - 9.3P \\
\max F_{Va} = 32.12E - 4.28E - 32.87E - 12.4P = -5.03E - 12.4P
\end{cases}
\tag{4-27}
$$

从上述优化目标可以看到，在目前国内各主流电池系统的技术经济水平下，锂离子电池储能系统的经济性最佳，因此考虑选择锂离子电池储能系统。

储能采用提高新能源发电消纳能力的运行策略，当新能源出力大于海西州地区最大消纳能力时启动，针对典型出力曲线，可以得到储能运行曲线，如图4-15所示。

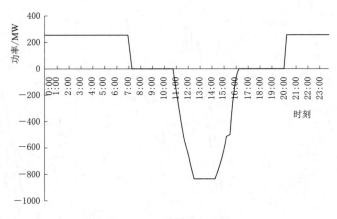

图4-15　储能运行曲线

根据运行曲线，可知在考虑锂离子电池储能系统10％充电成本的情况下，储能容量配置结果为

$$\begin{cases} P = 840\text{MW} \\ E = 3600\text{MW} \cdot \text{h} \end{cases} \tag{4-28}$$

此时，海西州地区的弃风弃光率将下降至0.3％。考虑到实际工程情况，建议海西州地区配置840MW×4h的磷酸铁锂离子储能电池系统，海西州地区的弃风弃光率大约降为1.2％。

储能系统建设分两期开展，一期考虑售电电价大于平均电价的光伏电站容量〔即上网电价为1.05元/(kW·h)及0.9元/(kW·h)的光伏电站〕进行配置，二期考虑低于平均电价的光伏电站容量进行配置。

综上，一期配置储能系统共计440MW×4h，建议安装位置为格尔木、聚明、乌兰、盐湖、柏树5个变电站供电区域内的汇集变电站，配置后的海西州地区弃风弃光率大约降为7.0％，配置示意图如图4-16所示。

海西州地区储能一期配置见表4-8。

表4-8　　　　　　　　　　　海西州地区储能一期配置表

变电站名称	安装容量	变电站名称	安装容量
格尔木	115MW×4h	盐湖	38MW×4h
聚明	170MW×4h	柏树	70MW×4h
乌兰	47MW×4h	总计	440MW×4h

二期配置储能系统共计400MW×4h。建议安装位置为格尔木、聚明、兴明、柏树4个变电站供电区域内的汇集变电站，配置示意图如图4-17所示。

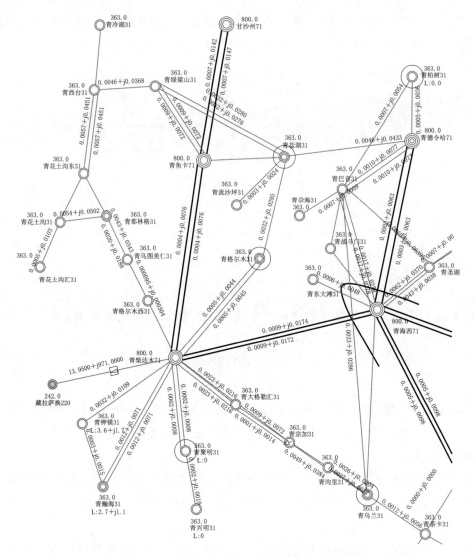

图 4-16　海西州地区储能一期配置示意图

海西州地区储能二期配置见表 4-9。

表 4-9　　　　　　　　　　　海西州地区储能二期配置表

变电站名称	安装容量	变电站名称	安装容量
格尔木	55MW×4h	柏树	105MW×4h
聚明	100MW×4h	总计	440MW×4h
兴明	180MW×4h		

　　综上所述，海西州地区储能配置按两期开展，一期总装机容量 440MW×4h，分布在格尔木、聚明、乌兰、盐湖、柏树 5 个变电站，二期总装机容量 440MW×4h，分布在格尔木、聚明、兴明、柏树 4 个变电站，海西州地区储能配置方案见表 4-10。

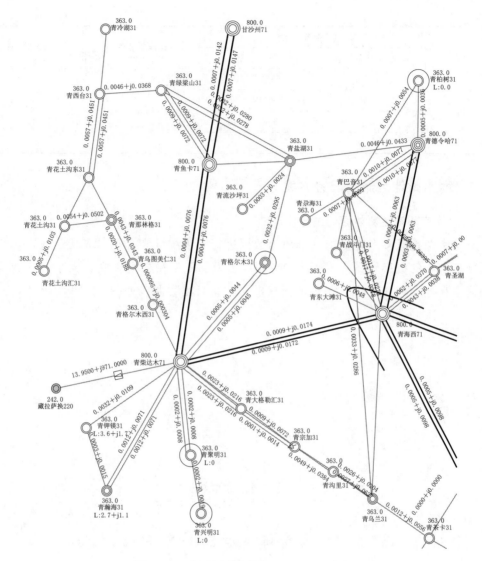

图 4-17 海西州地区储能二期配置示意图

表 4-10　　　　　　　　　　海西州地区储能配置方案

工期	储能配置方案		储能总容量	弃风弃光率
	变电站名称	安装容量		
初始状态	—	—	—	10.6%
一期	格尔木	115MW×4h	440MW×4h	5.6%
	聚明	170MW×4h		
	乌兰	47MW×4h		
	盐湖	38MW×4h		
	柏树	70MW×4h		

续表

工期	储能配置方案		储能总容量	弃风弃光率
	变电站名称	安装容量		
二期	格尔木	55MW×4h	440MW×4h	0.8%
	聚明	100MW×4h		
	兴明	180MW×4h		
	柏树	105MW×4h		

4.3.2 海南州地区储能配置方案

4.3.2.1 海南州地区新能源消纳分析

对海南州地区多个光伏电站的出力数据进行大量统计和分析，光伏最大出力大于 90％额定出力的概率约 2％，大于 80％额定出力的概率在 28％左右，大于 75％额定出力的概率在 42％左右。某 100MW 光伏电站典型日出力曲线如图 4-18 所示。

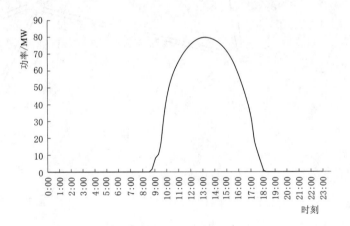

图 4-18 某 100MW 光伏电站典型日出力曲线

考虑到各个光伏电站的同时率，乘以同时系数 0.9，可获得海南州地区的光伏发电总出力曲线，不同时刻典型日出力曲线如图 4-19 所示，可以看出最大光伏出力约 2800MW。

海南州地区某 14MW 风电场典型日出力曲线如图 4-20 所示。

同样考虑到各风电场的同时率，乘以同时系数 0.9，可获得海南州地区的风电发电总出力曲线，不同时刻典型日出力曲线图 4-21 所示。

综上所述，可以获得海南州地区新能源发电典型日出力曲线，具体变化曲线如图 4-22 所示，可以看出日最大出力约为 3000MW。

考虑海南州地区塔拉断面最大输送能力 265 万 kW，由于送出断面受限问题，海南州地区新能源消纳仍然受限 297MW，新能源总弃风弃光率大约 3.2％。

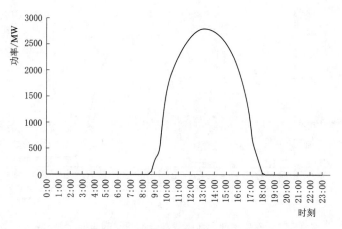

图 4 - 19   海南州地区光伏不同时刻典型日出力曲线

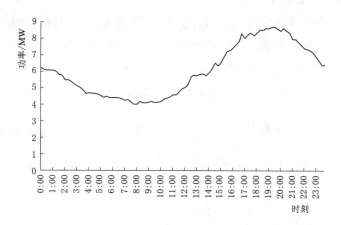

图 4 - 20   海南州地区某 14MW 风电场典型日出力曲线

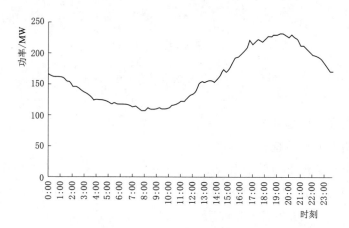

图 4 - 21   海南州地区风电不同时刻典型日出力曲线

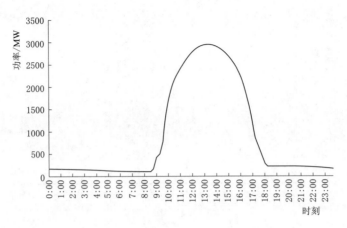

图 4-22 海南州地区新能源发电不同时刻典型日出力曲线

4.3.2.2 海南州地区储能配置计算

采取同样的方法开展海南州地区储能选型及容量配置。综合海南州地区各光伏电站及风电站的上网电价，根据容量比得到整个海南州地区的综合上网电价为 0.80 元/(kW·h)，购电成本按综合电价的 10% 考虑，即 0.08 元/(kW·h)。

各类型储能电池的容量优化目标函数可表达为

$$
\begin{cases}
\max F_{\mathrm{Li}} = 365 \times 0.08 \times 0.9E - 365 \times 0.008 \cdot \dfrac{E}{0.92} \\
\qquad\qquad - 155E \times \dfrac{0.06 \times (1+0.06)^{12}}{(1+0.06)^{12}-1} - 15.5P \\
\max F_{\mathrm{Lc}} = 365 \times 0.08 \times 0.6E - 365 \times 0.008 \cdot \dfrac{E}{0.8} \\
\qquad\qquad - 140E \times \dfrac{0.06 \times (1+0.06)^{10}}{(1+0.06)^{10}-1} - 9.3P \\
\max F_{\mathrm{Va}} = 365 \times 0.08 \times 1E - 365 \times 0.008 \cdot \dfrac{E}{0.75} \\
\qquad\qquad - 377E \times \dfrac{0.06 \times (1+0.06)^{20}}{(1+0.06)^{20}-1} - 12.4P
\end{cases}
\tag{4-29}
$$

式中　Li——锂离子电池系统；

　　　Lc——铅炭电池系统；

　　　Va——全钒液流电池储能系统。

将式（4-29）的优化目标简化为

$$
\begin{cases}
\max F_{\mathrm{Li}} = 26.28E - 3.17E - 18.49E - 15.5P = 4.62E - 15.5P \\
\max F_{\mathrm{Lc}} = 17.52E - 3.65E - 19.02E - 9.3P = -5.15E - 9.3P \\
\max F_{\mathrm{Va}} = 29.2E - 3.89E - 32.87E - 12.4P = -7.56E - 12.4P
\end{cases}
\tag{4-30}
$$

从上述优化目标可以看到，在目前国内各主流电池系统的技术经济水平下，锂电池储能系统的经济性最佳，因此考虑选择锂电池储能系统。

在考虑 2020 年海南州地区新增 250 万 kW 光伏装机容量的情况下，储能采用提高新能源发电消纳能力的运行策略，当新能源出力大于海南州地区最大消纳能力时启动，针对典型出力曲线，可以得到储能运行曲线如图 4-23 所示。

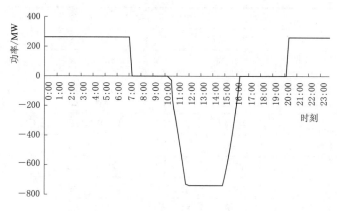

图 4-23　储能运行曲线

根据运行曲线，可得在考虑锂电池储能系统 10％充电成本的情况下，储能容量配置结果为

$$\begin{cases} P = 740\text{MW} \\ E = 3727\text{MW} \cdot \text{h} \end{cases} \quad (4-31)$$

此时，海南州地区的弃风弃光率将下降至 1.2％。考虑到实际工程情况，建议海南州地区配置 740MW×5h 的磷酸铁锂储能电池系统，海南州地区的弃风弃光率大约降为 1.3％。建议安装位置为塔拉、湟源、共和、汇明、思明 5 个变电站供电区域。海南州地区储能配置方案见表 4-11。

表 4-11　　　　　　　　　　海南州地区储能配置方案

工期	储能配置方案		储能总容量	弃风弃光率
	变电站名称	安装容量		
初始状态	—	—	—	11.8％
三期	塔拉	195MW×5h	740MW×5h	0.9％
	湟源	25MW×5h		
	共和	140MW×5h		
	汇明	245MW×5h		
	思明	135MW×5h		

4.3.3　青海储能配置方案

综上所示，考虑在海西州、海南州地区分三期开展储能的工程建设，见表 4-12。

一期在海西州地区的格尔木、聚明、乌兰、盐湖、柏树变电站建设 5 个锂电池储能电站，容量共计 440MW×4h。二期在海西州地区的格尔木、聚明、兴明、柏树变电站建设 4 个锂电池储能电站，容量共计 440MW×4h。三期在海南州地区的塔拉、湟源、共和、汇明、思明变电站建设 5 个锂电池储能电站，容量共计 740MW×5h。

表 4－12　　　　　　　　　　　青 海 储 能 配 置 方 案

工　　期	储能配置方案		储能总容量
	变电站名称	安装容量	
一期	格尔木	115MW×4h	440MW×4h
	聚明	170MW×4h	
	乌兰	47MW×4h	
	盐湖	38MW×4h	
	柏树	70MW×4h	
二期	格尔木	55MW×4h	440MW×4h
	聚明	100MW×4h	
	兴明	180MW×4h	
	柏树	105MW×4h	
三期	塔拉	195MW×5h	740MW×5h
	湟源	25MW×5h	
	共和	140MW×5h	
	汇明	245MW×5h	
	思明	135MW×5h	

第5章

共享储能技术实施

5.1 海西州大型新能源发电基地共享储能技术实施

5.1.1 储能汇集站电力电量平衡分析

5.1.1.1 格尔木330kV变电站

（1）330kV变电站装机信息见表5-1。

表5-1　　　　　　　　　　　330kV变电站装机信息

设　　备	容　　量	备　　注
主变	2×150MVA	330kV/110kV/35kV
光伏组件	618MW	

（2）日照小时数及发电量计算。选取变电站所在地区经纬度坐标，经软件计算统计分析，最佳为37°时，首年有效可利用小时数为1835h。光伏电站容量及容量衰减信息见表5-2。

表5-2　　　　　　　　　　光伏电站容量及容量衰减信息

光伏电站名称	容量/MW	并网日期/(年-月-日)	容量衰减/%
黄河水电格尔木	200	2011-12-29	91.9
黄河上游水电开发有限公司（Ⅱ期）	100	2012-12-27	92.6
黄河水电格尔木三期	150	2014-12-27	94.0
黄河水电格尔木四期	10	2015-12-24	94.7
黄河中型	50	2014-12-27	94.0
阳光瀚满	20	2013-05-15	92.6
省投二期	10	2013-05-15	92.6
神光二期	50	2013-05-20	92.6
阳光佑华	20	2011-12-19	91.9
省投一期	5	2011-12-20	91.9
神光一期	3	2011-12-30	91.9

经加权平均计算，本电站容量衰减按 92.7% 计算，则

$$光伏年发电量＝618 \times 1835 \times 92.7\% ＝105.1 万(MW \cdot h)$$

（3）储能配置分析。基于光伏电站的数据样本计算储能系统的功率需求，筛选出在光伏出力高峰时段储能系统的充电功率值，经过统计分析计算配置储能容量。光伏典型相邻日出力曲线如图 5-1 所示。

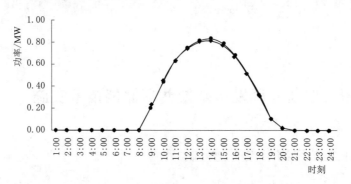

图 5-1　光伏典型相邻日出力曲线

根据光伏电站实测数据，电站每天"弃光"时间为 10：00—15：00 或 11：00—15：00，"弃光"时长为 4～5h。

格尔木站储能容量按照年发电量的 10%，即 90MW/360MW·h 配置，考虑到上网电价的不同，计划分两期完工，具体见表 5-3。

表 5-3　　　　　　　　　　　变 电 站 装 机 信 息

规　划	容量配置	电价/[元/(MW·h)]	合　计
一期	60MW/240MW·h	≥0.9	90MW/360MW·h
二期	30MW/120MW·h	<0.9	

综合考虑储能电站年充电量（一充一放）＝90×4×300×0.9/0.92＝10.6 万(MW·h)，占全年新能源发电量的 10%。经过统计分析计算，格尔木光伏电站配置 90MW×4h 的储能，能解决当地 10% 的限电问题。

综上，储能系统的功率/容量匹配关系应根据当地的光伏资源特性进行仿真分析，依据储能系统的配置目标，确定最佳的储能系统功率/容量配置，使得储能系统的综合效益最优。由于主要考虑经济性因数，格尔木站配置储能容量按照 90MW×4h 选取。

5.1.1.2　聚明 330kV 变电站

（1）330kV 变电站装机容量见表 5-4。

（2）日照小时数及发电量计算。选取变电站所在地区经纬度坐标，经软件计算统计分析，最佳倾角为 37°时，首年等效可利用小时数为 1835h。光伏电站容量及容量衰减信息见表 5-5。

表 5-4 330kV 变电站装机容量

设　备	容　量	备　注
主变	4×360MVA	330kV/110kV/35kV
光伏组件	1030MW	
风电组件	247.5MW	

表 5-5 光伏电站容量及容量衰减信息

光 伏 电 站 名 称	容量/MW	并网日期/(年-月-日)	容量衰减/%
华能二期	30	2011-12-16	91.9
华能三期	20	2012-12-27	92.6
华能四期	65	2014-12-27	94.0
国电龙源二期	30	2011-12-16	91.9
国电龙源三期	20	2012-12-27	92.6
国电龙源四期	20	2013-12-21	93.3
北控格尔木	20	2011-12-21	91.9
北控绿产新能源有限公司（二期）	20	2012-12-28	92.6
北控三期	20	2013-12-16	93.3
北控格尔木四期	30	2014-12-28	94.0
特变桑欧	20	2013-01-01	92.6
大唐山东二期	20	2011-12-11	91.9
大唐山东一期	20	2013-01-01	92.6
科陆润峰一期	10	2013-01-01	92.6
科陆润峰二期	10	2014-12-25	94.0
正泰一期	20	2011-12-16	91.9
正泰二期	20	2012-12-28	92.6
华电华盈一期	10	2011-12-23	91.9
华电华盈二期	20	2012-12-28	92.6
国电电力一期	10	2011-12-16	91.9
国电电力二期	20	2012-12-28	92.6
水电集团新光一期	20	2011-12-23	91.9
水电集团新光二期	20	2012-12-24	92.6
水电集团新光三期	30	2013-12-20	93.3
吉电一二期	40	2013-09-06	92.6
山一中氚一期	10	2011-12-23	91.9
山一中氚二期	20	2013-01-01	92.6
山一中氚三期	20	2013-12-27	93.3
日芯	60	2013-12-31	93.3

续表

光伏电站名称	容量/MW	并网日期/(年-月-日)	容量衰减/%
京能二期	20	2013 - 01 - 01	92.6
京能一期	20	2011 - 12 - 24	91.9
京能三期	20	2013 - 12 - 11	93.3
三峡格尔木二三期	40	2013 - 12 - 11	93.3
大唐国际一期	20	2011 - 12 - 20	91.9
大唐国际二期	20	2012 - 12 - 27	92.6
三峡格尔木一期	10	2011 - 12 - 25	91.9
国电宙亮一期	40	2013 - 07 - 19	92.6
国电宙亮二期	20	2014 - 12 - 25	94.0
力腾绿洁二期	20	2013 - 07 - 19	92.6
华能光伏电站	20	2011 - 11 - 11	91.2
百科格尔木	10	2011 - 12 - 30	91.9
赛维格尔木	10	2011 - 12 - 24	91.9
钧石格尔木	10	2011 - 12 - 23	91.9
华靖	20	2011 - 06 - 13	91.2
力腾	5	2012 - 08 - 17	91.9
国投华靖Ⅱ期格尔木	30	2011 - 12 - 13	91.9
龙源	20	2011 - 06 - 24	91.2

经加权平均计算，本电站容量衰减按 92.6% 计算，则

$$光伏年发电量 = 1030 \times 1835 \times 92.6\% = 175 \text{ 万}(MW \cdot h)$$

（3）储能配置分析。基于光伏电站的数据样本计算储能系统的功率需求，筛选出在光伏出力高峰时段储能系统的充电功率值，经过统计分析计算配置储能容量。光伏典型相邻日出力曲线如图 5-2 所示。

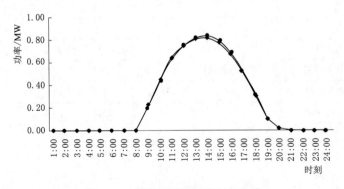

图 5-2　光伏典型相邻日出力曲线

根据光伏电站实测数据，电站每天"弃光"时间为 10：00—15：00 或 11：00—

15：00，"弃光"时长为4～5h。

聚明站储能容量按照年发电量的10％，即150MW/600MW·h配置，考虑到上网电价的不同，计划分两期完工，具体见表5-6。

表5-6 变电站装机信息

规 划	容量配置	电价/[元/(MW·h)]	合 计
一期	131MW/524MW·h	≥0.9	150MW/600MW·h
二期	19MW/76MW·h	<0.9	

综合考虑储能电站年充电量（一充一放）＝150×4×300×0.9/0.92＝17.6万(MW·h)，占全年新能源发电量的10％，经过统计分析计算，聚明站配置150MW×4h的储能，能解决当地10％的限电问题。

综上，储能系统的功率/容量匹配关系应根据当地的光伏资源特性进行仿真分析，依据储能系统的配置目标，确定最佳的储能系统功率/容量配置，使得储能系统的综合效益最优。由于主要考虑经济性因数，聚明站配置储能容量按照150MW×4h选取。

5.1.1.3 乌兰330kV变电站

（1）330kV变电站装机信息见表5-7。

表5-7 330kV变电站装机信息

设 备	容 量	备 注
主变	2×150MVA	330kV/110kV/35kV
光伏组件	220MW	

（2）日照小时数及发电量计算。选取变电站所在地区经纬度坐标，经软件计算统计分析，最佳倾角为37°时，首年等效可利用小时数为1769h。光伏电站容量及容量衰减信息见表5-8。

表5-8 光伏电站容量及容量衰减信息

光 伏 电 站 名 称	容量/MW	并网日期/(年-月-日)	容量衰减/%
绿电铜普	20	2011-10-31	91.2
黄河乌兰	50	2011-10-25	91.2
南京尚德乌兰	10	2011-12-30	91.9
昱辉电站	20	2011-12-25	91.9
中广核乌兰	30	2013-01-23	92.6
三峡徽峰	30		
铜普二期	20	2013-08-26	92.6
昱辉二期	20	2013-08-26	92.6
乌兰益多	20	2013-12-30	93.3

经加权平均计算，本电站容量衰减按 92.1% 计算，则

$$光伏年发电量 = 220 \times 1769 \times 92.1\% = 35.8 \ 万(MW \cdot h)$$

（3）储能配置分析。基于光伏电站的数据样本计算储能系统的功率需求，筛选出在光伏出力高峰时段储能系统的充电功率值，经过统计分析计算配置储能容量。光伏典型相邻日出力曲线如图 5-3 所示。

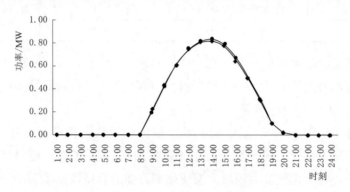

图 5-3　光伏典型相邻日出力曲线

根据光伏电站实测数据，电站每天"弃光"时间为 10：00—15：00 或 11：00—15：00，"弃光"时长为 4～5h。

乌兰站储能容量按照年发电量的 10%，即 30MW/120MW·h 配置，储能电站年充电量（一充一放）= 30 × 4 × 300 × 0.9/0.92 = 3.5 万（MW·h），占全年新能源发电量的 10%，经过统计分析计算，乌兰站配置 30MW × 4h 的储能，能解决当地 10% 的限电问题。

综上，储能系统的功率/容量匹配关系应根据当地的光伏资源特性进行仿真分析，依据储能系统的配置目标，确定最佳的储能系统功率/容量配置，使得储能系统的综合效益最优。由于主要考虑经济性因数，乌兰站配置储能容量按照 30MW × 4h 选取。

5.1.1.4　盐湖 330kV 变电站

（1）330kV 变电站装机信息见表 5-9。

表 5-9　　　　　　　　　　　330kV 变电站装机信息

设　　备	容　　量	备　　注
主变	2×150MVA	330kV/110kV/35kV
光伏组件	150MW	

（2）日照小时数及发电量计算。选取变电站所在地区经纬度坐标，经软件计算统计分析，最佳倾角为 37° 时，首年等效可利用小时数为 1812h。光伏电站容量及容量衰减信息见表 5-10。

表 5-10   光伏电站容量及容量衰减信息

光 伏 电 站 名 称	容量/MW	并网日期/(年-月-日)	容量衰减/%
中节能光伏电站	30	2011-10-20	91.2
中节能大柴旦（Ⅲ期）	20	2013-01-30	92.6
中广核光伏电站	100	2011-09-03	91.2

经加权平均计算，本电站容量衰减按 91.3% 计算，则

$$光伏年发电量＝150×1812×91.3\%＝24.8 万(MW·h)$$

（3）储能配置分析。基于光伏电站的数据样本计算储能系统的功率需求，筛选出在光伏出力高峰时段储能系统的充电功率值，经过统计分析计算配置储能容量。光伏典型相邻日出力曲线如图 5-4 所示。

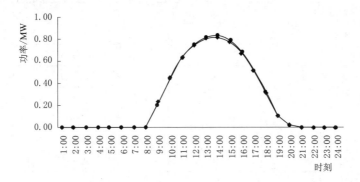

图 5-4 光伏典型相邻日出力曲线

根据光伏电站实测数据，电站每天"弃光"时间为 10：00—15：00 或 11：00—15：00，"弃光"时长为 4～5h。

盐湖站储能容量按照年发电量的 10%，即 21MW/84MW·h 配置，储能电站年充电量（一充一放）＝21×4×300×0.9/0.92＝2.5 万(MW·h)，占全年新能源发电量的 10%，经过统计分析计算，盐湖站配置 21MW×4h 的储能，能解决当地 10% 的限电问题。

综上，储能系统的功率/容量匹配关系应根据当地的光伏资源特性进行仿真分析，依据储能系统的配置目标，确定最佳的储能系统功率/容量配置，使得储能系统的综合效益最优。由于主要考虑经济性因数，盐湖站配置储能容量按照 21MW×4h 选取。

5.1.1.5 柏树 330kV 变电站

（1）330kV 变电站装机信息见表 5-11。

表 5-11   330kV 变电站装机信息

设　　备	容　　量	备　　注
主变	2×360MVA	330kV/110kV/35kV
光伏组件	820MW	

（2）日照小时数及发电量计算。选取变电站所在地区经纬度坐标，经软件计算统计分析，最佳倾角为37°时，首年等效可利用小时数为1693h。光伏电站容量及容量衰减信息见表5-12。

表5-12　　　　　　　　　　　光伏电站容量及容量衰减信息

光伏电站名称	容量/MW	并网日期/（年-月-日）	容量衰减/%
三峡翠峰德令哈	20	2016-12-16	95.4
华润赤阳德令哈	20	2016-06-28	94.7
时代浩宇德令哈	20	2016-06-29	94.7
龙光兴冕德令哈	20	2016-06-28	94.7
峡阳清芷德令哈	20	2016-12-16	95.4
阳光能源日喧德令哈	10	2016-06-30	94.7
亚硅琼柯	60	2016-06-27	94.7
聚能雪丰德令哈	40	2016-06-28	94.7
日晶古城德令哈	20	2016-06-29	94.7
竞峰德令哈	20	2016-06-27	94.7
中广核乾德令哈	20	2016-06-28	94.7
中昊仑山德令哈	50	2016-06-29	94.7
光科仁益德令哈	10	2016-06-30	94.7
聚光鸿鹄德令哈	20	2017-05-24	95.4
至善光伏电站	50	2018-06-30	96.1
礼贤光伏电站	50	2018-06-30	96.1
大唐德令哈	10	2011-12-25	91.9
大唐德令哈新能源（二期）	20	2012-12-27	92.6
大唐德令哈三期	20	2013-12-07	93.3
百科德令哈	20	2013-04-19	92.6
白鹿德令哈	30	2015-12-21	94.7
华电运营德令哈	20	2013-12-27	93.3
中节能德令哈	10	2013-12-30	93.3
协和三期	20	2013-12-25	93.3
协和天颂恰卜恰	20	2016-12-30	95.4
协和轩尚贵南	10	2016-12-31	95.4
协和青藤兴海	20	2017-01-22	95.4
力诺齐哈德令哈	30	2011-12-25	91.9
力诺二期	20	2013-07-11	92.6
瑞启达	10	2011-12-30	91.9
瑞启达二期	20	2013-01-26	92.6

续表

光 伏 电 站 名 称	容量/MW	并网日期/(年-月-日)	容量衰减/%
中型蓄积德令哈	10	2013-01-24	92.6
中型蓄积德令哈二期	40	2013-11-09	92.6
国电集团德令哈	20	2011-12-25	91.9
国电德令哈二期	10	2013-12-24	93.3
国电德令哈三期	10	2015-08-11	94.0

经加权平均计算，本电站容量衰减按 94.2% 计算，则

$$光伏年发电量＝820×1693×94.2\%＝130.8 万 （MW·h）$$

（3）储能配置分析。基于光伏电站的数据样本计算储能系统的功率需求，筛选出在光伏出力高峰时段储能系统的充电功率值，经过统计分析计算配置储能容量。光伏典型相邻日出力曲线如图 5-5 所示。

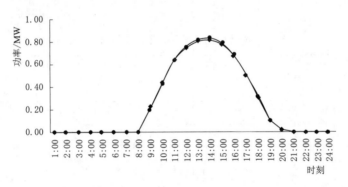

图 5-5　光伏典型相邻日出力曲线

根据光伏电站实测数据，电站每天"弃光"时间为 10：00—15：00 或 11：00—15：00，"弃光"时长为 4～5h。

柏树站储能容量按照年发电量的 10%，即 111MW/444MW·h 配置，考虑到上网电价的不同，计划分两期完工，具体见表 5-13。

表 5-13　变电站装机信息

规　划	容量配置	电价/[元/(MW·h)]	合　计
一期	38MW/152MW·h	≥0.9	111MW/444MW·h
二期	73MW/292MW·h	<0.9	

综合考虑储能电站年充电量（一充一放）＝111×4×300×0.9/0.92≈13 万(MW·h)，占全年新能源发电量的 10%，经过统计分析计算，柏树站配置 111MW×4h 的储能，能解决当地 10% 的限电问题。

综上，储能系统的功率/容量匹配关系应根据当地的光伏资源特性进行仿真分析，

依据储能系统的配置目标，确定最佳的储能系统功率/容量配置，使得储能系统的综合效益最优。由于主要考虑经济性因数，柏树站配置储能容量按照 $111MW \times 4h$ 选取。

5.1.1.6 兴明 330kV 变电站

（1）330kV 变电站装机容量见表 5−14。

表 5−14 330kV 变电站装机信息

设 备	容 量	备 注
主变	$4 \times 360MVA$	330kV/110kV/35kV
光伏组件	666MW	

（2）日照小时数及发电量计算。选取变电站所在地区经纬度坐标，经软件计算统计分析，最佳倾角为37°时，首年等效可利用小时数为1835h。光伏电站容量及容量衰减信息见表 5−15。

表 5−15 光伏电站容量及容量衰减信息

光 伏 电 站 名 称	容量/MW	并网日期/(年-月-日)	容量衰减/%
黄河优阳	50	2015−12−31	94.7
日芯骄阳	21	2017−01−11	95.4
华能逐日	45	2015−12−31	94.7
光科云峰	20	2017−06−29	95.4
国电永乐	50	2016−06−14	94.7
青发投华恒荣光	50	2016−01−06	94.7
三峡欣能	50	2015−12−29	94.7
水电集团佳阳	40	2016−01−06	94.7
鲁能广恒	20	2016−05−20	94.7
国网阳光扶贫	10	2016−05−20	94.7
北控京仪	30	2015−12−31	94.7
黄河舒阳	30	2016−06−01	94.7
京能申辉	30	2016−06−13	94.7
京能Ⅳ期	20	2015−02−28	94.0
特变时代	50	2016−01−26	94.7
大唐韵辉	50	2016−01−25	94.7
三峡启恒	30	2016−01−26	94.7
西北水电知和	20	2016−01−27	94.7
华电华鼎	50	2016−06−01	94.7

经加权平均计算，本光伏电站容量衰减按 94.6% 计算，则

$$年发电量＝666×1835×94.6\%＝115.6 万(MW·h)$$

（3）储能配置分析。基于光伏电站的数据样本计算储能系统的功率需求，筛选出在光伏出力高峰时段储能系统的充电功率值，经过统计分析计算配置储能容量。光伏典型相邻日出力曲线如图 5-6 所示。

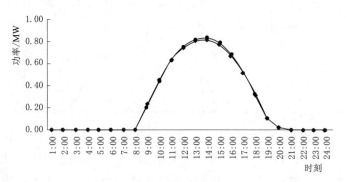

图 5-6 光伏典型相邻日出力曲线

根据光伏电站实测数据，电站每天"弃光"时间为 10：00—15：00 或 11：00—15：00，"弃光"时长为 4～5h。

兴明站储能容量按照年发电量的 10%，即 100MW/400MW·h 配置，储能电站年充电量（一充一放）＝100×4×300×0.9/0.92＝11.7 万(MW·h)，占全年新能源发电量的 10%，经过统计分析计算，兴明站配置 100MW×4h 的储能，能解决当地10% 的限电问题。

综上，储能系统的功率/容量匹配关系应根据当地的光伏资源特性进行仿真分析，依据储能系统的配置目标，确定最佳的储能系统功率/容量配置，使得储能系统的综合效益最优。由于主要考虑经济性因数，兴明站配置储能容量按照 100MW×4h选取。

5.1.2 储能配置方案

综上所述，考虑在海西州地区开展储能的工程建设，在海西州地区的格尔木、聚明、乌兰、盐湖、柏树、兴明变电站建设 6 个锂电池储能电站，容量共计 502MW×4h。计划分两期完成，具体见表 5-16。

5.1.3 储能规划方案

5.1.3.1 格尔木储能电站

格尔木 330kV 变电站位于格尔木市东侧约 5km 的 109 国道旁，格尔木 330kV 变电

表 5－16　　　　　　　　　　　海西州地区储能配置方案

地区	分期	变电站	安装容量	储能总容量
海西州	一期	格尔木	60MW×4h	502MW×4h
		聚明	131MW×4h	
		乌兰	30MW×4h	
		盐湖	21MW×4h	
		柏树	38MW×4h	
	二期	格尔木	30MW×4h	
		聚明	19MW×4h	
		柏树	73MW×4h	
		兴明	100MW×4h	

站电压等级为 330kV/110kV/35kV，主变容量为 2×150MVA。根据现场踏勘情况，330kV 侧有 1 个备用间隔；110kV 侧有 1 个备用间隔已被其他项目占用（已完成现场踏勘），无扩建空间，现有 110kV 间隔中然格Ⅱ回路已停用，考虑使用此回路可能性；35kV 侧为户内充气柜，有 4 个柜位的扩建空间。

格尔木储能电站规划容量为 90MW×4h，分两期建设。储能电站选址拟利用格尔木 330kV 变电站东北方向可利用场地，考虑到变压器实际容量，暂定以 110kV 接入格尔木 330kV 变电站 110kV 侧母线，具体以现场实际接入条件为准。

5.1.3.2　聚明储能电站

聚明 330kV 变电站位于格尔木市东侧光伏产业园内，园区内现有道路同 109 国道相通，临近有 G6 京藏高速通过，聚明 330kV 变电站电压等级为 330kV/110kV/35kV，主变容量为 4×360MVA。根据现场踏勘情况，330kV 侧无备用间隔，有两个间隔扩建空间；110kV 侧有 4 个备用间隔，已安装设备，其中两个间隔已连线，两个间隔未连线。

聚明储能电站规划容量为 150MW×4h，分两期建设。储能电站选址拟利用聚明 330kV 变电站北侧可利用场地，考虑到变压器实际容量，暂定以 110kV 接入聚明 330kV 变电站 110kV 侧母线，具体以现场实际接入条件为准。

5.1.3.3　乌兰储能电站

乌兰 330kV 变电站位于乌兰县西南侧，站址处有道路同 315 国道相通，乌兰 330kV 变电站电压等级为 330kV/110kV/35kV，主变容量为 2×150MVA，35kV 侧容量为 45MVA。根据现场踏勘情况，330kV 侧有 1 个备用间隔；110kV 侧无备用间隔且无扩建空间；35kV 侧为室内高压柜，无备用柜但有扩建位置，35kV 母线主要接有站用变、电抗器、电容器回路。

乌兰储能电站规划容量为 30MW×4h。储能电站选址拟利用乌兰 330kV 变电站北侧可利用场地，采用"T"接型式与现有 110kV 进线连接或接入乌兰 330kV 变电站 35kV 侧母线，具体以现场实际接入条件为准。

5.1.3.4　盐湖储能电站

盐湖 330kV 变电站位于海西州区锡铁山镇西侧 G3011 高速路旁，盐湖 330kV 变电站电压等级为 330kV/110kV/35kV，主变容量为 2×150MVA，35kV 侧容量为 60MVA。根据现场踏勘情况，330kV 侧无备用间隔；110kV 侧无备用间隔且无扩建空间；35kV 侧为室内充气柜，无备用柜且无扩建空间。

盐湖储能电站规划容量为 21MW×4h。储能电站选址拟利用盐湖 330kV 变电站南侧可利用场地，变电站内 2 路电容、2 路电抗回路未投运，可将其中 1 路电容、1 路电抗回路改为接入储能母线，暂定以 35kV 接入盐湖 330kV 变电站 35kV 侧母线，具体以现场实际接入条件为准。

5.1.3.5　柏树储能电站

柏树 330kV 变电站位于海西州区德令哈市西侧约 15km 处，站址南侧有 315 国道通过，站址处建有道路同 315 国道相连，柏树 330kV 变电站电压等级为 330kV/110kV/35kV，主变容量为 2×360MVA。根据现场踏勘情况，330kV 侧共 5 个出线间隔，已用 1 个；110kV 侧有 1 个备用间隔，已安装设备，另有 3 个间隔的扩建空间。

柏树储能电站规划容量为 111MW×4h，分两期建成。储能电站选址拟利用柏树 330kV 变电站西侧可利用场地，考虑到变压器实际容量，暂定以 35kV 接入柏树 330kV 变电站 35kV 侧母线，具体以现场实际接入条件为准。

5.1.3.6　兴明储能电站

兴明 330kV 变电站位于格尔木市东侧光伏产业园内，园区内现有道路同 109 国道相通，临近有 G6 京藏高速通过，兴明 330kV 变电站电压等级为 330kV/110kV/35kV，主变容量为 4×360MVA。根据现场踏勘情况，330kV 侧无备用间隔且无扩建空间；110kV 侧有 1 个备用间隔，有 2 个间隔扩建空间。

兴明储能电站规划容量为 100MW×4h。储能电站选址拟利用兴明 330kV 变电站西侧可利用场地，暂定以 35kV 接入兴明 330kV 变电站 35kV 侧母线，具体以现场实际接入条件为准。

5.2　海南州大型新能源发电基地共享储能技术实施

5.2.1　储能汇集站电力电量平衡分析

5.2.1.1　塔拉 750kV 变电站

（1）750kV 变电站装机容量见表 5－17。

表 5-17   750kV 变电站装机容量

设 备	容 量	备 注
主变	2×2100MVA	750kV/330kV/66kV
光伏组件	1024.5MW	

（2）日照小时数及发电量计算。选取变电站所在地区经纬度坐标，经软件计算统计分析，最佳倾角为 37°时，首年等效可利用小时数为 1552h（海南州地区统计发电小时数最高可达 1700h 左右，本书中暂按光资源软件计算的保守小时数 1552h 考虑）。光伏电站容量及容量衰减信息见表 5-18。

表 5-18   光伏电站容量及容量衰减信息

光 伏 电 站 名 称	容量/MW	并网日期/（年-月-日）	容量衰减/%
协和青藤兴海	20	2017-01-22	95.4
黄河珠玉	1000	2018-06-23	96.1

经加权平均计算，本电站容量衰减按 96% 计算，则

$$光伏年发电量 = 1020×1552×96\% = 151.97 万（MW·h）$$

（3）储能配置分析。基于光伏电站的数据样本计算储能系统的功率需求，筛选出在光伏出力高峰时段储能系统的充电功率值，经过统计分析计算配置储能容量。

塔拉站储能容量按照光伏年发电量的 10%，即 130MW/520MW·h 配置，储能电站年充电量（一充一放）= 130×4×300×0.9/0.92 = 15.2 万（MW·h），占全年新能源发电量的 10%，经过统计分析计算，塔拉站配置 130MW×4h 的储能，能解决当地 10% 的限电问题。

综上，储能系统的功率/容量匹配关系应根据当地的光伏资源特性进行仿真分析，依据储能系统的配置目标，确定最佳的储能系统功率/容量配置，使得储能系统的综合效益最优。由于主要考虑经济性因素，塔拉站配置储能容量按照 130MW×4h 选取。

5.2.1.2 恰卜恰 110kV 变电站

（1）110kV 变电站装机容量见表 5-19。

表 5-19   110kV 变电站装机容量

设 备	容 量	备 注
主变	2×31.5MVA	110kV/35kV/10kV
光伏组件	105MW	
风电组件	14MW	

（2）日照小时数及发电量计算。选取变电站所在地区经纬度坐标，经软件计算统计分析，最佳倾角为 37°时，首年等效可利用小时数为 1552h。光伏电站容量及容量衰减信息见表 5-20。

表 5-20 光伏电站容量及容量衰减信息

光 伏 电 站 名 称	容量/MW	并网日期/(年-月-日)	容量衰减/%
恰卜恰特许	30	2012-09-17	91.9
恒基伟业恰卜恰	20	2011-12-25	91.9
蓓翔恰卜恰	25	2011-12-25	91.9
协和天颂恰卜恰	20	2016-12-30	95.4
柴达木和盟恰卜恰	10	2016-06-30	94.7

经加权平均计算，本电站容量衰减按 92.8% 计算，则

$$光伏年发电量＝105×1552×92.8\%＝15.1\,万(MW·h)$$

（3）储能配置分析。基于光伏电站的数据样本计算储能系统的功率需求，筛选出在光伏出力高峰时段储能系统的充电功率值，经过统计分析计算配置储能容量。

恰卜恰站储能容量按照光伏年发电量的 10%，即 13MW/52MW·h 配置，储能电站年充电量（一充一放）＝13×4×300×0.9/0.92＝1.5 万(MW·h)，占全年新能源发电量的 10%，经过统计分析计算，恰卜恰站配置 13MW×4h 的储能，能解决当地 10% 的限电问题。

综上，储能系统的功率/容量匹配关系应根据当地的光伏资源特性进行仿真分析，依据储能系统的配置目标，确定最佳的储能系统功率/容量配置，使得储能系统的综合效益最优。由于主要考虑经济性因数，恰卜恰站配置储能容量按照 13MW×4h 选取。

5.2.1.3 汇明 330kV 变电站

（1）330kV 变电站装机容量见表 5-21。

表 5-21 330kV 变电站装机容量

设　备	容　量	备　注
主变	4×360MVA	3300kV/110kV/35kV
光伏组件	1995MW	

（2）日照小时数及发电量计算。选取变电站所在地区经纬度坐标，经软件计算统计分析，最佳倾角为 37°时，首年等效可利用小时数为 1552h。光伏电站容量及容量衰减信息见表 5-22。

表 5-22 光伏电站容量及容量衰减信息

光 伏 电 站 名 称	容量/MW	并网日期/(年-月-日)	容量衰减/%
黄河试验	100	2016-06-27	94.7
黄河中型	50	2015-12-31	94.7

续表

光 伏 电 站 名 称	容量/MW	并网日期/(年-月-日)	容量衰减/%
黄河永源	20	2018－06－26	96.1
黄河恰卜恰	550	2013－12－12	93.3
招商中利腾辉三期	100	2013－12－31	93.3
招商中利腾辉一期	70	2012－12－31	93.9
隆豪春雷	10	2015－08－12	94.0
晶科中南恰卜恰	10	2013－09－18	92.6
振发蓝天恰卜恰	20	2016－12－30	95.4
华能四期	20	2013－12－27	93.3
中广核恰卜恰	30	2013－12－27	93.3
光科宣琪	50	2013－07－20	92.6
大唐国际一期、二期	40	2013－12－31	93.3
特变桑欧	20	2013－12－31	93.3
三峡铸玛	30	2014－12－19	94.0
蓓翔二期、三期	50	2011－12－25	91.9
招商亚辉宏图	30	2013－12－31	93.3
亚硅聚卓	20	2013－07－25	92.6
普天恰卜恰	30	2013－09－14	92.6
绿电奔亚恰卜恰	20	2015－07－06	94.0
三峡益鑫旭升一期	10	2013－09－17	92.6
三峡益鑫旭升二期	20	2013－12－27	93.3
三峡海绵科士达	20		
汉能恰卜恰一期	50	2013－07－11	92.6
天华共融	50	2013－12－15	93.3
华能一期	25	2016－06－28	94.7
绿电华诚一期	10	2013－06－16	92.6
绿电华诚二期	10	2015－06－30	94.0
绿电华诚三期	20	2016－01－06	94.7
绿电青柴投	10	2013－12－31	93.3
华能五期	20	2013－12－27	93.3
恒基二期	40	2013－06－15	92.6
协鑫世能	30	2013－06－09	92.6
恒光百昌	10	2017－06－28	95.4
黄河晨阳	90	2017－06－25	95.4
明晶	20	2015－12－31	94.7
源通田源	10	2016－06－30	94.7

光 伏 电 站 名 称	容量/MW	并网日期/(年-月-日)	容量衰减/%
京能置业	10	2015－12－31	94.7
协鑫晖海	50	2015－12－31	94.7
蓓翔爱康	10	2016－06－29	94.7
三峡捷普绿能	10	2016－06－28	94.7
汉能三期	50	2014－12－31	94.0
汉能二期	50	2014－12－31	94.0
华能二期	50	2013－12－31	93.3
华能三期	10	2013－12－31	93.3
正泰恰卜恰	20	2013－12－31	93.3
蓝天	20	2016－12－30	95.4

经加权平均计算，本电站容量衰减按 93.5% 计算，则

$$光伏年发电量＝1995×1552×93.5\%＝289.4 万(MW·h)$$

（3）储能配置分析。基于光伏电站的数据样本计算储能系统的功率需求，筛选出在光伏出力高峰时段储能系统的充电功率值，经过统计分析计算配置储能容量。

汇明站储能容量按照光伏年发电量的 10%，即 250MW/1000MW·h 配置，储能电站年充电量（一充一放）＝250×4×300×0.9/0.92＝29 万(MW·h)，占全年新能源发电量的 10%，经过统计分析计算，汇明站配置 250MW×4h 的储能，能解决当地 10% 限电问题。

综上，储能系统的功率/容量匹配关系应根据当地的光伏资源特性进行仿真分析，依据储能系统的配置目标，确定最佳的储能系统功率/容量配置，使得储能系统的综合效益最优。由于主要考虑经济性因数，汇明站配置储能容量按照 250MW×4h 选取。

5.2.1.4 思明 330kV 变电站

（1）330kV 变电站装机信息见表 5－23。

表 5－23 　　　　　　　　330kV 变电站装机信息

设　　备	容　　量	备　　注
主变	2×360MVA	3300kV/110kV/35kV
光伏组件	750.5MW	

（2）日照小时数及发电量计算。选取变电站所在地区经纬度坐标，经软件计算统计分析，最佳倾角为 37°时，首年等效可利用小时数为 1552h。光伏电站容量及容量衰减信息见表 5－24。

表 5 - 24 　　　　　　　　　　　　　光伏电站容量及容量衰减信息

光 伏 电 站 名 称	容量/MW	并网日期/(年-月-日)	容量衰减/%
济贫海阔	100	2018 - 06 - 29	96.1
南扶	50.5	2016 - 12 - 31	94.6
华能兴旺	25	2016 - 06 - 28	94.7
水电集团志元	10	2017 - 06 - 29	95.4
水电集团洪昇	20	2017 - 06 - 29	95.4
聚亚睿智	25	2017 - 06 - 29	95.4
深圳拓日晶盛晶鹏	10	2017 - 06 - 30	95.4
深圳拓日汉能汉尚	10	2017 - 06 - 30	95.4
深圳拓日港汇港洲	10	2017 - 06 - 30	95.4
深圳拓日天城天磐	20	2016 - 06 - 29	94.7
深圳拓日飞利科	10	2016 - 06 - 29	94.7
中安永泰	50	2016 - 06 - 30	94.7
航程	50	2018 - 06 - 15	96.1
中利腾辉明辉广陌	10	2017 - 06 - 25	95.4
柴达木能源柒台恰卜恰	20	2015 - 12 - 31	94.7
正泰浙泰	10	2015 - 12 - 31	94.7
全盛恰卜恰	20	2016 - 05 - 27	94.7
华电和骏	20	2018 - 06 - 15	96.1
华电华顺	10	2016 - 05 - 27	94.7
大唐宇成	20	2016 - 06 - 28	94.7
华电华烁	25	2016 - 06 - 29	94.7
大唐蔚蓝	10	2016 - 06 - 30	94.7
三峡金峰	20	2015 - 12 - 31	94.7
三峡	10	2015 - 12 - 31	94.7
中型中发	15	2017 - 06 - 25	95.4
黄河通力	10	2017 - 06 - 25	95.4
光科信和	10	2017 - 06 - 24	95.4
中利腾辉凌云	50	2016 - 12 - 30	95.4
上海道德其正	100	2015 - 12 - 31	94.7

经加权平均计算，本电站容量衰减按 95% 计算，则

$$光伏年发电量 = 750.5 \times 1552 \times 95\% = 110.6 万(MW \cdot h)$$

（3）储能配置分析。基于光伏电站的数据样本计算储能系统的功率需求，筛选出在光伏出力高峰时段储能系统的充电功率值，经过统计分析计算配置储能容量。

思明站储能容量按照光伏年发电量的 10%，即 95MW/380MW·h 配置，储能电站年充电量（一充一放）＝95×4×300×0.9/0.92＝11.152 万（MW·h），占全年新能源发电量的 10%，经过统计分析计算，思明站配置 95MW×4h 的储能，能解决当地 10%限电问题。

综上，储能系统的功率/容量匹配关系应根据当地的光伏资源特性进行仿真分析，依据储能系统的配置目标，确定最佳的储能系统功率/容量配置，使得储能系统的综合效益最优。由于主要考虑经济性因素，思明站配置储能容量按照 95MW×4h 选取。

5.2.2 储能配置方案

综上所述，海南州地区开展储能的工程建设，在海南州地区的塔拉、恰卜恰、汇明、思明变电站建设 4 个锂电池储能电站，容量共计 488MW×4h。计划分两期完成，具体见表 5-25。

表 5-25 海南州地区储能配置方案

地区	分期	变电站	安装容量	储能总容量
海南州	一期	恰卜恰	13MW×4h	488MW×4h
		汇明	225MW×4h	
		思明	45W×4h	
	二期	塔拉	130MW×4h	
		汇明	25MW×4h	
		思明	50MW×4h	

5.2.3 储能规划方案

5.2.3.1 塔拉储能电站

塔拉 750kV 变电站位于恰卜恰县西南侧约 22km 处，变电站北侧有 214 国道及共玉高速通过，站址处现有道路同 214 国道相通，塔拉 750kV 变电站电压等级为 750kV/330kV/66kV，主变容量为 2×2100MVA。根据现场踏勘情况，330kV 侧有 4 个备用间隔，其中两个已上设备，其余两个为备用空地；66kV 侧为户外设备，仅接入站用变、电容器、电抗器。

塔拉储能电站规划容量为 130MW×4h。储能电站选址拟利用塔拉 750kV 变电站南侧可利用场地，暂定以 66kV 接入塔拉 750kV 变电站 66kV 侧母线，具体以现场实际接入条件为准。

5.2.3.2 恰卜恰储能电站

恰卜恰 110kV 变电站位于恰卜恰县东南侧城区内，恰卜恰 110kV 变电站电压等级为 110kV/35kV/10kV，主变容量为 2×31.5MVA。根据现场踏勘情况，110kV 侧无备用间隔，有 1 个间隔扩建空间；35kV 及 10kV 带有城区负荷，负载率在 70% 左右。

恰卜恰储能电站规划容量为 13MW×4h。储能电站选址拟利用恰卜恰 110kV 变电站东侧约 1.5km 光伏电站北侧可利用场地，以 35kV 接入恰卜恰 110kV 变电站 35kV 侧母线，具体以现场实际接入条件为准。

5.2.3.3 汇明储能电站

汇明 330kV 变电站位于恰卜恰县南侧约 10km 光伏园区内，变电站西侧有 214 国道及共玉高速通过，站址处现有道路同 214 国道相通，汇明 330kV 变电站电压等级为 330kV/110kV/35kV，主变容量为 4×360MVA。根据现场踏勘情况，330kV 侧有 2 个备用间隔；110kV 侧无备用间隔，有 2 个间隔的扩建位置。

汇明储能电站规划容量为 250MW×4h。储能电站选址拟利用汇明 330kV 变电站西侧及南侧可利用场地，考虑到变压器实际容量，暂定以 110kV 接入汇明 330kV 变电站 110kV 侧母线，具体以现场实际接入条件为准。

5.2.3.4 思明储能电站

思明 330kV 变电站位于恰卜恰县西南南侧约 24km 处，位于塔拉 750kV 变电站东南侧，变电站西侧有 214 国道及共玉高速通过，站址处现有道路同 214 国道相通，思明 330kV 变电站电压等级为 330kV/110kV/35kV，主变容量为 2×360MVA。根据现场踏勘情况，110kV 侧有 4 个备用间隔，已安装设备；35kV 侧为户外设备，仅接入站用变、电容器、电抗器。

思明储能电站规划容量为 95MW×4h。储能电站选址拟利用思明 330kV 变电站西侧与两条高压线路走廊间可利用场地，考虑到变压器实际容量，暂定以 110kV 接入思明 330kV 变电站 110kV 侧母线，具体以现场实际接入条件为准。

第6章

储能电站集成设计

6.1 储能系统设计

6.1.1 设计依据

(1)《电化学储能电站设计规范》(GB 51048—2014)。

(2)《储能系统接入配电网技术规定》(Q/GDW 564—2010)。

(3)《分布式电源接入电网技术规定》(Q/GDW 480—2010)。

(4)《储能系统接入配电网测试规范》(Q/GDW 676—2011)。

(5)《分布式电源接入配电网监控系统功能规范》(Q/GDW 677—2011)。

(6)《电池储能电站设计技术规程》(Q/GDW 11265—2014)。

(7)《储能系统接入配电网运行控制规范》(Q/GDW 696—2011)。

(8)《储能系统接入配电网监控系统功能规范》(Q/GDW 697—2011)。

(9)《电池储能电站设备及系统交接试验规程》(Q/GDW 11220—2014)。

(10)《电池储能功率控制系统技术条件》(NB/T 31016—2011)。

(11)《储能电池组及管理系统技术规范》(Q/GDW 1884—2013)。

(12)《电池储能系统集成典型设计规范》(Q/GDW 1886—2013)。

(13)《电池储能电站设计技术规程》(Q/GDW 11265—2014)。

(14)《电网配置储能系统监控及通信技术规范》(Q/GDW 1887—2013)。

(15)《电池储能系统变流器试验规程》(Q/GDW 11294—2014)。

(16)《电池储能电站技术导则》(Q/GDW 1769—2012)。

(17)《电化学储能电站用锂离子电池管理系统技术规范》(GB/T 34131—2017)。

(18)《电化学储能系统接入配电网测试规程》(NB/T 33016—2014)。

6.1.2 储能单元设计

储能电站的主要功能为降低海西州、海南州地区的总弃风弃光率,青海—河南

±800kV 特高压直流工程投运后，储能电站可继续提供调峰等电网辅助服务。

储能系统主要包括储能电池以及功率变换系统两大部分。功率变换系统的正确选型能够保证储能系统的有效运行。

储能电池选择 40Ah 磷酸铁锂离子电池。结合储能电池型式，选择单台功率为 500kW 的储能变流器以及容量为 2.1MW·h 的储能电池集装箱。

6.1.3 储能方案设计

磷酸铁锂离子电池储能系统总体设计方案及参数如下：

RACK 配置：19PACK；

PACK 配置：由 48 个电芯按 4P12S 方式进行成组；

电芯配置：3.2V/40Ah；

储能系统参数见表 6-1。

表 6-1 储 能 系 统 参 数

部件	技术性能	指 标
储能装置	单体电芯规格	EFP27148130/3.2V40Ah
	电池组串并连方式	4P12S
	交流内阻/mΩ	<0.8
	重量/g	1035±25
	最大充电电流/A	3.0（连续），4.0（25℃，50%SOC，10s）
	最大放电电流/A	4.0（连续），5.0（25℃，50%SOC，10s）
	最大工作温度范围/℃	充电 0~45，放电 -20~60
	电池组串并连方式	4P12S
	标称电压/V	38.4
	标称容量/Ah	160
	实测容量/Ah	≥160
	额定能量/(W·h)	6144
	放电截止电压/V	33.6
	充电截止电压/V	43.2
	标准充电流程	（25±3）℃，（65±5）%RH 环境下，电池组以 0.3C 恒流充电到 43.2V，43.2V 恒压充电直到电流小于 0.05C
	标准放电流程	（25±3）℃，（65±5）%RH 环境下，电池组以 0.3C 恒流放电到 31.2V
	最大持续充电电流/A	480
	最大持续放电电流/A	480
	最大瞬间放电电流/A	640（30s）
	均衡方式	充电主动均衡
	电池组循环寿命	≥6000 次

部件	技术性能	指　　标
储能装置	电池组自放电	≤3％/月
	电池组存储性能	25℃、（30％～50％）SOC 储存 30 天，可恢复容量≥97％
		25℃、（30％～50％）SOC 储存 90 天，可恢复容量≥95％
	电池组尺寸/mm	482×140×720（宽×高×深）
	电池组重量/kg	65
	工作温度/℃	放电：－20～55 充电：0～45
	存储温度/℃	－20～45
储能双向变流器	直流参数	
	直流电压范围/V	500～820
	最小直流电压/V	450
	最大直流电流/A	1100
	交流侧	
	交流接入方式	三相三线（无变压器）
	额定功率/kW	500
	最大容量/kVA	550
	额定电网电压/V	400
	最大交流电流/A	985
	过载能力	$1.5I_n$，60s，周期 300s
	额定电网频率/Hz	50
	离网电压失真度	＜3％
	总电流波形畸变率（THD）	＜2.5％（额定功率）
	功率因数	0.9（超前）－0.9（滞后）
	效率	
	最大效率/％	98.5
	保护	
	低电压穿越	具备
	防孤岛保护	具备
	交流过流保护	具备
	交流过压保护	具备
	交流欠压保护	具备
	交流过频保护	具备
	交流欠频保护	具备
	相序错误保护	具备
	过载保护	具备
	直流过流保护	具备

续表

部件	技术性能	指　　标
储能双向变流器	直流过压保护	具备
	直流欠压保护	具备
	直流极性反接保护	具备
	内部短路保护	具备
	过温保护	具备
	绝缘保护	具备
	开关状态异常保护	具备
	降额保护	具备
	功率模块（IGBT）保护	具备
	常规数据	—
	尺寸（宽×高×深）	—
	数量	—
	允许最高海拔/m	5000（＞3000m 需降额使用）
	防护等级	IP20
	噪声/dB	＜65
	工作环境温度/℃	−25～+50
	存储环境温度/℃	−25～+70
	冷却方式	风冷
	允许相对湿度	5%～95%，无凝露
	通信接口	以太网、RS485、CAN2.0
就地监控系统	高速工业以太网	与 IEEE802.3/802.3u 兼容
		使用 ISO 和 TCP/IP 通信协议
		10M/100M 自适应传输速率
		简单的机柜导轨安装
		方便构成星型、线型和环型拓扑结构
		高速冗余的安全网络，最大网络重构时间为 0.3s
		用于严酷环境的网络元件，通过 EMC 测试

6.1.4　磷酸铁锂电池储能单元设计

磷酸铁锂电池储能单元参数见表 6-2。

6.1.5　集中式集装箱设计

集中式集装箱分为电池集装箱和设备集装箱。

（1）电池集装箱配备完善的电池管理系统、温控系统、照明系统、消防系统、保

表 6-2   磷酸铁锂电池储能单元参数

项 目	参 数
每簇性能参数	
RACK 组成方式	19 个 PACK 串联组成
RACK 标称电压/V	729.6
RACK 工作电压范围/V	638.4～820.8
RACK 电量/(kW·h)	116.736
RACK 尺寸/mm	1205×1774×750（宽×高×深）
RACK 重量/kg	1400
2.1MW·h 储能单元组成	
标准箱组成	18 簇 RACK 并联
标准箱电量/(MW·h)	2.101
工作温度/℃	放电：－20～55 充电：0～45
存储温度/℃	－20～45

护系统等，采用 40 尺标准集装箱。电池集装箱内采用空调制冷，内部配置 18 个电池架分别安装在集装箱两侧，每侧安装 9 个，两台 5kW 一体式工业空调，1 套自动消防系统。储能电池集装箱平面布置图如图 6-1 所示。

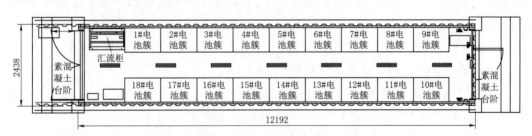

图 6-1 储能电池集装箱平面布置图（单位：mm）

（2）设备集装箱内采用强制风冷。设备仓放置 4 台 1005mm × 835mm × 1915mm（长×深×高）储能双向变流器、1 台 2000kVA 干式箱变、1 面 35kV 高压柜和 1 面通信/动力柜。储能设备集装箱平面布置图如图 6-2 所示。

1）铝排：铝排截面积最小 60×2.5＝150（mm²），但 PACK 的铝排过流长度近似为 64×11＋400＋200＝1304（mm），结合铝的电阻率 2.83×10⁻⁸，合计电阻 0.25mΩ，铝排与输出端子搭接处电阻按每个 0.5mΩ 算，在电流 240A 时，铝排的发热功率为 72W。

2）电芯：按照电芯 96％ 的充放电效率，估算电芯的发热功率 240×3.6×0.04＝34.56（W），不高于 35W。

3）总的 PACK 发热功率为 35×24＋72＝912（W）。

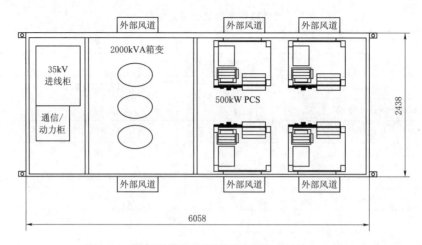

图 6-2　储能设备集装箱平面布置图（单位：mm）

（3）散热风量估算。气流单位时间从 PACK 中带走的热量 H＝气流温升 ΔT×气流质量 W×气流的比热容 C_p，其中气流质量 W＝风扇风量 CFD×空气密度 ρ，空气密度取 1.146kg/m³（标准大气压，35℃），空气比热容取 $1.0×10^3$J/(kg·℃)，气流温升取 15℃（PACK 最高温升-空调冷气温度），换算后可以得到的 $CFD＝H/(\Delta T×\rho×C_p)＝0.053$m³/s，也就是 113.6CFM（CFD 为计算流体力学，CFM 是散热器产品常用的风量单位，指风冷散热器每分钟吸入或送出的空气总体积，按立方英尺计算，单位就是 CFM）。

（4）风扇数量评估。

1）风阻：12038 型风扇的通风面积为 9000mm²；

2）PACK 内部通风面积（按电芯间距 6mm 计算）＝6×130×11（PACK 中部）＋6×200×2（PACK 两侧）＋750×3（PACK 顶部）＝13230mm²；

3）考虑到风扇并联使用时，风阻越大，实际通风量越小，风扇的总通风面积不能超出 PACK 内部通风面积太多，所以选取两个风扇较为合适。最大风量为 127.1CFM 的两个 12038 风扇在进风口及风扇位置合适的情况下，能满足本设计的温升的控制要求。

6.1.5.1　风扇的选择与放置位置

（1）风扇型号的选择：当寿命及价格都在同一区间时，优先选择叶片强度更好、可以承受更大的风压和转速、提供更多的出风量的风扇。

（2）风扇安装位置的选择：考虑到风扇每天运行时间较长，整体系统的运行年限也很长，风扇的使用时间基本到了寿命极限（基本在 50000h 左右），后期会有更换风扇的操作，所以风扇需要安装在容易更换的位置，也就是在 PACK 的前面板上。

6.1.5.2　PACK 热解决方案

（1）空调。通过计算集装箱箱内设备发热负荷、箱体漏热及太阳辐射进行空调选型。通过热仿真验证冷风流场的效果及风量分配至每个电池包的效果。

（2）通风。根据集装箱内散热量，选择合适的风机、风管，利用风道将箱内热量排出。

6.1.6 电池管理系统设计

电池管理系统具备多重保护功能，包括绝缘故障保护、通信故障保护、短路故障保护、过流故障保护、过温报警保护、过压报警。

6.1.6.1 单体电池管理模块

储能单体电池管理应实时准确地测量电池参数，如电压、电流、温度等数据，并将测量数据上传至储能系统管理单元。

1. 储能电池管理模块的主要功能

在线自动检测单体电池电压、温度等；在线进行 5A 无损均衡，可实现充电均衡；实时报警功能，实现对电压、温度的超限报警；现场报警，干节点输出闭合，可实现远端计算机报警并显示报警内容；具有 RS485 通信接口，可接入监控系统或现场采集单元，实现数据和告警信息上送，达到远程监控电池组的目的；采用模块化设计，模块间相互隔离，系统可靠性高。

2. 储能电池管理模块的主要指标

模块供电电压：DC24V±10％；

电池监测节数：16 节；

电压检测范围：0～5.0V；

电压检测精度：±0.1％FSR；

温度测量精度：±1℃；

无损均衡电流：2A；

电池均衡方式：主动无损充电均衡；

输入绝缘电阻：≥5MΩ500V；

数据通信接口：RS485 或 CAN2.0；

通信波特率：9600bit/s 或 250kbit/s；

现场显示方式：LED 工作状态指示；

尺寸及质量：每 kg 尺寸 250mm×126mm×45mm；

安装方式：机架、壁挂。

3. 均衡系统工作原理

（1）电池信息采集：快速精准地电池信息采集是进行有效均衡的基础；储能电池管理模块采用了高速、高精度、高有效位的 $\Sigma-\Delta24$ 位 A/D 转换器及高精度（±0.05％）低温漂（±2PPM）的精密基准，确保在任何容许的工作环境下实现电池信息测量的高度一致性和精准性。

（2）均衡规则运算：均衡规则是挑出哪些电池需要被均衡，怎么样均衡，优越的均衡规则的运算是有效均衡的保证。储能电池管理模块的均衡规则中综合了电池组状态、电池电压、电池 SOC、温度、电池厂家、循环次数等相关因素，使得运算结果更加符合实际需求，并能实现放电、充电及动态均衡。

（3）均衡实现：均衡实现单元根据均衡规则输出的均衡状态对相应的电池实施均衡。储能电池管理模块的均衡实现采用无损充电方式，并且其充电电流可根据均衡规则的要求进行调节，最大电流 5A，同时支持最大 5A 可调电流的均衡方式。电池监测模块采用点对点均衡。

（4）均衡效果：电池组充电阶段，均衡系统加入前后的充电曲线如图 6-3 所示；电池组放电阶段，均衡系统加入前后的放电曲线如图 6-4 所示。

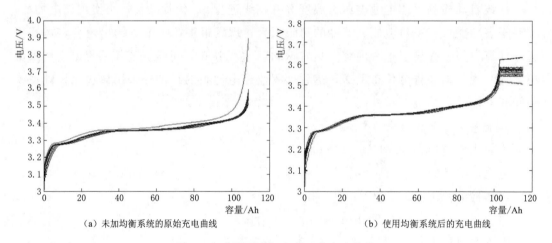

（a）未加均衡系统的原始充电曲线　　　　　　　（b）使用均衡系统后的充电曲线

图 6-3　均衡系统加入前后的充电曲线

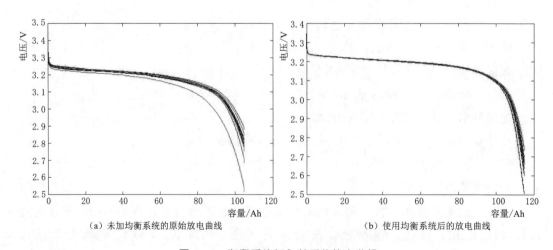

（a）未加均衡系统的原始放电曲线　　　　　　　（b）使用均衡系统后的放电曲线

图 6-4　均衡系统加入前后的放电曲线

使用储能电池管理模块均衡管理系统后，充、放电过程中各单体电池的一致性大大提高，锂电池组充、放电得到了有效均衡。

4. 设备端口定义

图6-5为端口分布图，端口定义及描述见表6-3。其中S1－和B1－指该电池组的最低电压点。

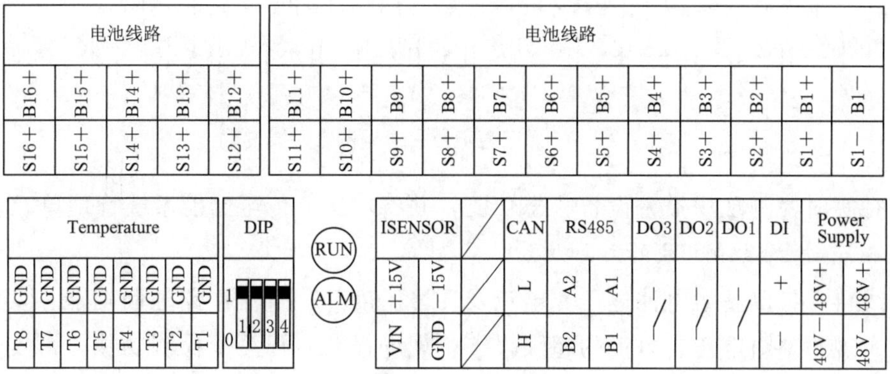

图6-5 端口分布图

表6-3   端口定义及描述表

端口	端口说明	功能描述	线束推荐
S16＋～S1－	1～16节电池采集接口	采集线接电池极柱	$0.5mm^2$ 铜芯线
B16＋～B1－	1～16节电池均衡接口	均衡线接电池极柱	$0.5mm^2$ 铜芯线
Temperature	温度接口	接 NTC 温度探头	$0.3mm^2$ 平行线
DIP	6位拨码开关	设置模块站址及其他功能	
I SENSOR	电流采集接口	接电流传感器	
CAN	CAN 通信口	通过 CAN 总线接监控主机	$0.3mm^2$ 屏蔽双绞线
	250kbit/s		
RS485	RS485 通信口	通过 RS485 总线接监控主机	$0.3mm^2$ 屏蔽双绞线
	9600bit/s		
DO1～DO3	干接点输出接口	开关量输出，如干接点报警	$1mm^2$ 铜芯线
DI	开关量输入接口	检测无源开关量接口，如反馈接点	$0.5mm^2$ 铜芯线
Power Supply	供电电源接口	为模块提供工作电源，接48V电池组	$1mm^2$ 铜芯线

5. 设备接线说明

图6-6为16节电池电压采集均衡线接线说明。

当蓄电池总数16节时，每节电池的正极都与设备相连，第一节电池的负极增加一根连线到 BMU 设备的 B1－。

6.1.6.2 电池组控制单元 BCMU

电池组控制单元实时采集整组电池电压、电流数据，具有控制直流回路通断功

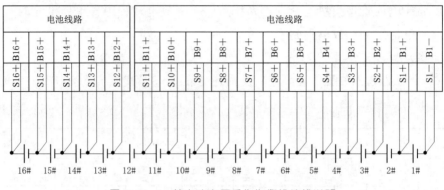

图 6-6　16 节电池电压采集均衡线接线说明

能，具有实时检测现场报警设备状态功能，并将数据上传至储能系统管理单元。

1. 储能电池组控制模块的主要功能

在线自动检测整组电池电压、电流及环境温度等；直流回路通断功能；实时报警功能，实现对整组电压、电流的超限报警；现场报警，开关量检测功能，可实现远端计算机报警并显示报警内容；具有 3 路 CAN 和 2 路 RS485 通信接口，可接入电池簇管理单元 BAMS，实现数据和告警信息上送，达到远程监控电池组的目的。

2. 储能电池组控制模块的主要指标

储能电池组控制模块主要指标见表 6-4。

表 6-4　　　　　　　　储能电池组控制模块主要指标

技术参数	额定规格	备注
模块供电电压/V	DC 24V±15%	
最大供电功率/W	5	
电压检测范围/V	0~1100	
电压检测精度	0.2%	
电流检测范围/A	±1000	
电流检测精度	0.5%	支持分流器采集
温度检测范围/℃	-20~85	
温度检测精度/℃	±0.5	
绝缘电阻检测精度	5%	
输入绝缘电阻	≥10MΩ，1000V DC	
数据通信接口	RS485×2，CAN×3	
通信波特率	9600bit/s，250kbit/s（默认）	
湿接点输出	1A@24V-DC	1 路
干接点输出	2A@250V-AC/30V-DC	4 路
尺寸及重量	250mm×95mm×45mm/kg	
安装方式	壁挂	

3. 安装接线说明

设备端口分布如图6-7所示，定义及描述见表6-5。

图6-7 设备端口分布

表6-5 设备端口定义及描述表

端口	端口说明	功能描述	线束推荐
电源	供电电源接口	为模块提供工作电源，接DC 24V	1mm² 铜芯线
RUN、ALM	指示灯	运行和报警指示灯	
V	组端电压采集口	采集线接电池组端	0.5mm² 铜芯线
I	电流采集口	采集线接分流器	0.5mm² 屏蔽双绞线
R	绝缘电阻采集口	采集线接电池组端及屏柜地	0.5mm² 铜芯线

安装接线说明如图6-8所示，接线端口说明见表6-6。

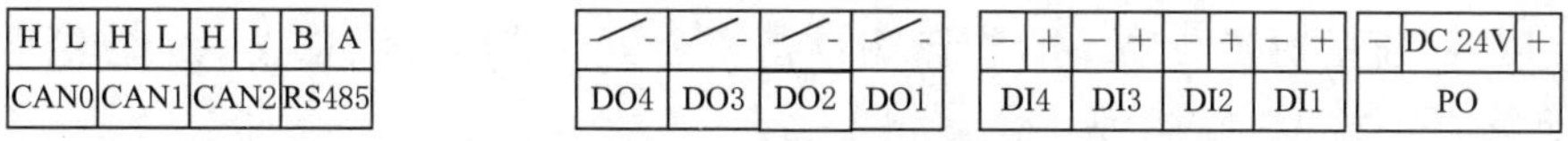

H L	H L	H L	B A		/ -	/ -	/ -	/ -		- +	- +	- +	- +		-	DC 24V	+
CAN0	CAN1	CAN2	RS485		DO4	DO3	DO2	DO1		DI4	DI3	DI2	DI1			PO	

图6-8 安装接线说明

表6-6 接线端口说明表

端口	端口说明	功能描述	线束推荐
CAN0、CAN1、CAN2	CAN通信口 250kbit/s	通过CAN总线接BMU模块、主控模块等	0.3mm² 屏蔽双绞线
RS485	RS485通信口 9600bit/s	通过RS485总线接监控主机	0.3mm² 屏蔽双绞线
DO1~DO4	干接点输出接口	开关量输出，如干接点报警	1mm² 铜芯线
DI1~DI4	开关量输入接口	检测开关量输入，如接触器反馈信号	1mm² 铜芯线
PO	湿接点输出接口	驱动外部电路，如直流接触器	1mm² 铜芯线

4. 备采集方案说明

（1）电压电流温度采集方案：接线图如图6-9所示。

（2）接线注意事项：①电流采集I－和电压采集V－必须接在分流器的同一个采集点上；②电流采集的I＋靠近电池组负极，这样表示充电为正，放电为负。

5. 安装注意事项

（1）务必由专业电气人员或经培训合格后的技术人员进行操作。

（2）安装前请确保电池组处于离线状态。

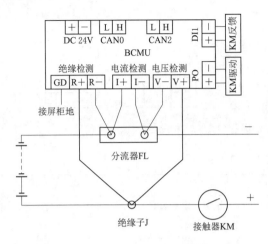

图 6-9　电压电流温度采集方案接线图

（3）安装前请仔细检查物料，如有缺失或损坏，请勿安装。

（4）安装时佩戴绝缘手套，请不要携带过大或过长的金属饰品，金属工具外部需要用绝缘胶带包裹严密方可使用，避免引起短路风险。

（5）安装时严禁同时接触到电池组的总正、总负极，以免高压伤人。

（6）现场接线时请注意电池极性，电池接线完成后，接线端子首次接入设备前须确认接线的正确性。

（7）安装时切勿将杂物等落入模块内部，否则可能引起系统工作不稳定或损坏。

6.1.6.3　储能系统管理单元 BAMS 设备

（1）BAMS 与 PCS 之间应采用以太网或 RS485 通信接口，采用 Modbus TCP 和 Modbus RTU 通信协议。BAMS 将影响设备安全运行的信号汇总成一个急停信号，该急停信号通过干节点回路接入 PCS。

（2）BAMS 可以采集集装箱内辅助设备工作状态，如烟雾传感器、温度传感器、湿度传感器等安全设备，形成电气联锁。一旦检测到故障，将启动声光报警通过远程通信的方式通知用户；同时，切断正在运行的储能设备。

（3）BAMS 实现与储能监控层的通信，通信采用 Modbus TCP 规约。BAMS 与储能监控层之间的通信内容包括储能系统运行过程中的参数设置动作、运行报警状态、保护动作过程、充放电开始或结束事件、电池容量及健康状态等信息。BAMS 接受储能监控层的控制管理。

（4）BAMS 具备在线数据存储功能，储能系统运行过程中的参数设置动作、运行报警状态、保护动作过程、充放电开始/结束事件、电池容量及健康状态等信息都可以自动同步保存，时间记录可精确到秒，并掉电保持。数据存储应采用标准的固态硬盘（SSD），数据信息需长时间存储，具备完善的故障录波功能，能够对故障前后的状态量有效记录。

（5）BAMS 具有操作权限密码管理功能，任何改变运行方式和运行参数的操作均需要权限确认。

（6）BAMS 支持北斗和 GPS 时间信号作为基准时钟源的对时功能。

（7）BAMS 具有储能设备运行状态管理的功能，能够根据制定的控制策略自动运行，也可以通过远方和就地实现手动控制运行。

6.1.7 EMS 系统介绍

EMS 可根据二次调频曲线自动控制储能系统的充电或放电，实现无人值守功能。

6.1.7.1 后台监控软件

（1）后台监控系统要求具有通用性、兼容性、可扩展性、可靠性和安全性，便于维护。

（2）后台监控系统全面支持 Modbus 协议标准。

（3）控制时间 $7 \times 24h$ 不间断控制。

（4）可按照设置容量及实际负荷调节进行充电。

（5）充放电可以按照比例动态执行。

（6）集装箱内电池组可以共享。

（7）系统孤网运行可由 EMS 控制。

（8）后台监控系统冗余配置、保证单点故障不影响储能系统其他设备运行。

6.1.7.2 测量监视功能

（1）模拟量测量：对微电网实验室主要设备的电压、电流、温度、湿度、有功功率、无功功率、频率、相位、功率因数等数据进行采集和处理。

（2）状态量测量：接入开关等位置信息。

（3）SOE：毫秒级时标记录开关或继电保护的动作，事件顺序记录保存在历史事件库中。

（4）监视：对所采集的电压、电流等进行判断，若有越限，发出告警信号；监视开关等位置信息；接入显示 SOE 信息、保护信号等。

（5）记录：自动记录 SOE 事件、模拟量数据值、模拟量越限信息、状态量变化、继电保护动作信息、故障数据等。

6.1.7.3 数据处理功能

（1）监控系统的遥信处理：遥信信号取反；手动信号屏蔽；根据事故总信号及保护信号，自动判别事故变位。

（2）遥测处理：正确判别遥测越限及越限恢复，并产生告警；支持定义遥测量零值范围；支持遥测突变阈值设定、遥测突变告警。

（3）电能表处理：脉冲量转换为工程量；支持电能表计的归零、满度处理；支持由功率到积分电量的计算。

6.1.7.4 分析统计功能

（1）监控系统的分析统计：有功、无功功率的最大、最小值及相应时间；电压最大值、最小值及合格率统计；统计断路器动作次数、断路器切除故障电流及跳闸次数；计算功率总和、功率因数、负荷率；累计安全运行天数等。

（2）系统提供公式计算、用户语言计算功能。监控系统提供的数据统计包括实时数据统计、历史数据统计。

6.1.7.5　操作控制功能

（1）监控系统提供完备的操作控制：遥控、遥调、信号复归等。

（2）具有控制闭锁：断路器操作时，闭锁自动重合闸；实现远程 PCS 控制、充电、放电及相关参数设置等操作。

6.1.7.6　事件告警功能

（1）监控系统提供开放的、智能事件告警功能。

（2）支持用户自定义各种报警参数的阈值。

（3）支持文字、闪烁、电铃等多种告警方式。支持告警信息的手动、自动的确认、删除。

（4）支持历史告警信息按类型、按告警源分类查询。

（5）系统提供对所有事件告警信息的统一永久化存储。

6.1.7.7　保护管理功能

监控系统可以对各种相关保护参数进行设置，并对各种报警进行实时响应。同时，对各种故障保护信息进行分类管理。

6.1.7.8　人机接口功能

监控系统通过人机接口子系统为操作员提供形象直观的图形化监视和操作界面。

系统支持接线图、工况图、保护设备配置图、遥测表、遥信表等画面，支持以不同的画面显示所有测量信息；支持声音、闪烁及文字报警；支持历史、实时趋势曲线；支持棒图、数字表计等多种显示方式。

6.1.7.9　事故追忆及历史反演功能

（1）系统提供全息式的事故追忆功能。当系统发生事故时，引起保护及自动装置动作，开关跳闸时，监控系统可根据事先定义启动条件（如事故总信号及保护动作信息）完成事故记录。

（2）事故追忆既可手动触发，也可选择不同的模拟量、数字量或其组合构成不同的触发条件。事故追忆程序可以记录激发时刻前后的电力系统实时运行状态（包括多个电力系统的实时断面以及断面之间的全部实时事件），记录时间可调。

（3）系统提供友好的人机界面进行历史反演。支持选定任意一个时刻作为反演的起始时间，反演过程可快进、慢进、回退、暂停、继续等。

6.1.7.10　历史数据管理功能

（1）监控系统基于商用关系数据库系统完成历史数据管理，提供完善的历史数据备份、转储机制。实时采样数据、实时统计数据、事件记录、操作记录以及其他作为历史数据长期保持的信息，均可保存到历史数据库。

（2）监控系统提供友好方便的人机界面，完成历史数据、历史事件信息、操作事件记录的查询、显示。以表格、曲线方式查询历史瞬时数据记录、实时统计数据、历史统计数据。

6.1.7.11　报表功能

（1）监控系统自动生成日报表、月报表、年报表，供用户查询、打印和导出。

（2）监控系统报表格式与 MS Office Excel 文件完全兼容，并支持用户二次开发。

6.1.7.12　公式计算和用户过程支持

（1）系统的公式计算及用户过程模块，为储能电站提供各种实时数据的数值计算及逻辑运算支持。公式计算主要用于站内总加、电流及一些没有测点的数据。实时数据库中的所有四遥量、常量、自定义变量均可参加运算。在用户过程中，支持数学运算、逻辑运算、函数、控制逻辑。用户过程提供对告警、控制、闭锁逻辑的支持。用户过程支持周期启动、定时启动、触发启动等方式。

（2）系统提供友好界面，完成公式及用户过程的编辑、校验。

（3）系统提供表格方式的管理工具，以完成工程数据、登录用户及权限、系统配置参数的建立与维护。系统提供相应的工具软件对操作系统、数据库系统、应用软件系统、文件以及网络通信软件进行维护。

（4）系统提供相应的工具软件，可根据生产运行需要和变电站设备的实际变更，对变电自动化系统进行相应的维护工作。

（5）系统支持通过广域网 Web 技术、Modem 公用电话网 RAS 技术，完成远方维护与管理功能。

6.1.8　系统参数表

系统参数见表 6-7。

表 6-7　　　　　　　　　系 统 参 数 表

技术参数名称	储 能 单 元 参 数	注　　释
系统额定功率/MW	2	
额定能量容量/(MW·h)	8	
最大放电深度/DOD	100%	
综合性能指标 K	≥1.5	
储能电池直流电压	DC 500～820V	
储能系统交流额定电压/V	315	含变压器配置方案和参数
储能系统交流额定频率/Hz	50	
交流侧功率控制精度	功率控制误差<3%	

续表

技术参数名称	储 能 单 元 参 数	注　　释
响应速率	不包含控制器通信延迟，100ms 内，功率从 0 上升至额定功率	
	不含控制器通信延迟，响应速率小于 70ms	
上升调节速率	含储能系统主控制器至双向功率变换装置各环节通信延迟，响应速率小于 500ms	含控制器通信延迟响应速度应小于 1s
下降调节速率	不包含控制器通信迟，100ms 内，额定功率下降至 0	含控制器通信延迟响应速度应小于 1s
	不含控制器通信延迟，响应速率小于 70ms	
	含储能系统主控制器至双向功率变换装置各环节通信延迟，响应速率小于 500ms	
储能系统（直流—交流—直流）能量循环效率	＞90％	包括双向功率变换系统与变压器损耗
排放（气体或液体）气	无	
储能电池自放电率	＜3％/月	当所有电子器件关闭，系统停机状态下
电池管理功能	有	
蓄电池冷却功能	有	
蓄电池消防功能	有	
交流并网功率因数	＞0.99	
并网电流谐波总量	＜3％	
并网电压运行范围	±10％额定电压	
设备冷却方式	储能电池集装箱一体化精密空调，安装于集装箱顶部	
	双向功率变换装置集装箱采用强制风冷，冷却轴流风扇内置，并配置防尘过滤网	
	高/低压配电系统与控制系统集装箱（E-House）采用工业空调制冷	
	所有设备无需外接冷却水	
设备封装方式	集装箱封装，满足室外运行要求，各储能单元独立封装，并联运行	
主要设备外形		
运行噪声/dB	＜85	
设备抗震等级	不低于 7 级或 USB UBC SeismicZone4 标准	

6.2 电气系统设计

6.2.1 设计依据

参照国家能源局《关于促进电储能参与"三北"地区电力辅助服务补偿（市场）机制试点工作的通知》（国能监管〔2016〕164号文）、国家科技部发布的《"十三五"资源领域科技创新专项规划》、国家发展改革委员会《关于完善抽水蓄能电站价格形成机制有关问题的通知》（发改价格〔2014〕1763号文）和国家能源局《国家电力示范项目管理办法》（国能电力〔2016〕304号文）以及储能电站并网标准。

(1)《电化学储能系统接入电网技术规定》（GB/T 36547—2018）。

(2)《电化学储能系统接入配电网技术规定》（NB/T 33015—2014）。

(3)《电池储能功率控制系统技术条件》（NB/T 31016—2011）。

(4)《低压配电设计规范》（GB 50045—2011）。

(5)《继电保护和安全自动装置技术规程》（GB/T 14285—2006）。

(6)《电力工程电缆设计规范》（GB 50217—2007）。

(7)《3~110kV高压配电装置设计规范》（GB 50060—2008）。

(8)《220kV~500kV变电所设计技术规程》（DL/T 5218—2005）。

(9)《交流电气装置的接地设计规范》（GB/T 50065—2011）。

(10)《交流电气装置的过电压保护和绝缘配合》（DL/T 620—1997）。

(11)《电气装置安装工程接地装置施工及验收规范》（GB 50169—2006）。

(12)《3kV~110kV电网继电保护装置运行整定规程》（DL/T 584—2007）。

(13)《电测量及电能计量装置设计技术规程》（DL/T 5137—2001）。

(14)《电力系统调度自动化设计技术规程》（DL/T 5003—2005）。

(15)《电能质量公用电网谐波》（GB/T 14549—93）。

(16)《电能质量三相电压不平衡》（GB/T 15543—2008）。

(17)《电能质量电压波动和闪变》（GB/T 12326—2008）。

(18)《电力储能用锂离子电池》（GB/T 36276—2018）。

6.2.2 系统接入方案

本书所述共享储能电站建设在330kV及以上新能源汇集站及变电站周边，分别以35kV、110kV或330kV电压等级接入电网，各储能电站接入电网的电压等级应按照储能系统额定功率、接入点电网网架结构等条件确定，各储能电站接入电网的电压等级情况见表6-8。

表 6 - 8　　　　　　　　　　各储能电站接入电网的电压等级情况表

地区	分期	储能配置方案		接 入 说 明	储能总容量
		变电站名称	安装容量		
海西州	一期	格尔木	60MW×4h	格尔木 330kV 变电站 110kV 侧	502MW×4h
		聚明	131MW×4h	聚明 330kV 变电站 110kV 侧	
		乌兰	30MW×4h	乌兰 330kV 变电站 35kV 侧	
		盐湖	21MW×4h	盐湖 330kV 变电站 35kV 侧	
		柏树	38MW×4h	柏树 330kV 变电站 35kV 侧	
	二期	格尔木	30MW×4h	格尔木 330kV 变电站 110kV 侧	
		聚明	19MW×4h	聚明 330kV 变电站 110kV 侧	
		柏树	73MW×4h	柏树 330kV 变电站 35kV 侧	
		兴明	100MW×4h	兴明 330kV 变电站 35kV 侧	
海南州	一期	恰卜恰	13MW×4h	恰卜恰 110kV 变电站 35kV 侧	488MW×4h
		汇明	225MW×4h	汇明 330kV 变电站 110kV 侧	
		思明	45MW×4h	思明 330kV 变电站 110kV 侧	
	二期	塔拉	130MW×4h	塔拉 750kV 变电站 66kV 侧	
		汇明	25MW×4h	汇明 330kV 变电站 110kV 侧	
		思明	50MW×4h	思明 330kV 变电站 110kV 侧	

6.2.3　电气主接线方案

本电站采用磷酸铁锂储能电池，每 2MW·h/2.5MW·h 储能电池接入 500kW - PCS；每 4 台 PCS 通过 1 台 2000kVA 双分裂变压器升压至 35kV 后，通过 35kV 电缆集电线路汇集接入储能 35kV 开闭所或储能升压站 35kV 侧母线。电气接线图如图 6 - 10 所示。

6.2.4　主要电气设备选择

6.2.4.1　主要设备选择的原则

本电站的设备进行招标采购，具体选型有待招标确定，设计仅对其技术性能提出要求。导体及设备选择依据短路电流计算结果以及《导体和电器选择设计技术规定》（DL/T 5222—2005）进行，并确定以下条件：

（1）屋内及电缆沟（隧）道内最高环境温度，按 40℃ 考虑。

（2）日照强度取 0.1W/cm^2，风速取 0.5m/s。

（3）电器的连续性噪声水平不应大于 85dB，非连续性噪声水平不大于 90dB（测试位置距设备外沿垂直面的水平距离为 2m，离地高度 1～1.5m 处）。

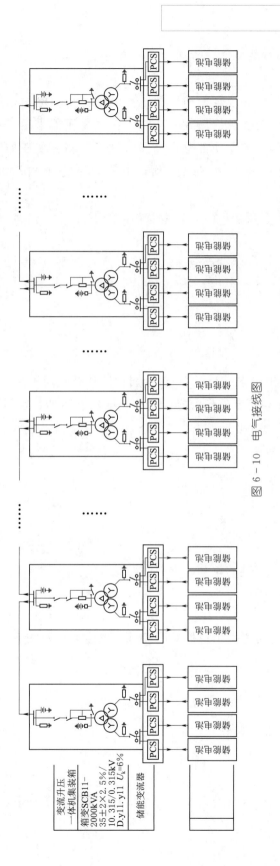

图 6-10　电气接线图

变流升压
一体机集装箱

箱变SCB11-
2000kVA
35±2×2.5%/
10.315/0.315kV
Dyl1.yl1 U_k=6%

储能变流器

6.2.4.2 主要电气设备参数储能部分

1. 箱式升压变压器

为了使户外变压器安全可靠地运行和简便地安装施工，本电站选用具有运行可靠、操作方便、价格性能比较优越的箱式升压站。箱式变压器采用三相双绕组及双分裂低损耗干式升压变压器，其操作部分在高压室进行。箱式变压器安装在独立基础上，高低压电缆均从箱式升压站基础的预留开孔，下进下出箱式升压站高低压室。

三相双分裂低损耗干式升压变压器，其主要参数如下：

额定容量：2000kVA

额定电压：35±2×2.5%/0.315/0.315kV

短路阻抗：6%

联接组标号：Dy11y11

冷却方式：自冷式

2. 35kV配电装置

35kV配电装置选用三相交流50Hz的户内金属铠装移开式高压开关柜，采用加强绝缘型结构，一次元件主要包括断路器、操动机构、电流互感器、避雷器等，运行灵活、供电可靠。其主要参数如下：

型号：KYN61-40.5

额定电压：40.5kV

额定电流：1250A

额定频率：50Hz

外壳防护等级：IP4X

额定短时耐受电流：31.5kA（4s）

额定峰值耐受电流：80kA

3. 110kV配电装置

储能变电站110kV配电装置采用户外GIS型式，其主要参数如下：

额定电压：126kV

额定电流：2000A

额定频率：50Hz

额定短时耐受电流：40kA（4s）

额定峰值耐受电流：100kA

4. 330kV配电装置

储能变电站330kV配电装置采用户外GIS型式，其主要参数如下：

额定电压：363kV

额定电流：4000A

额定频率：50Hz

额定短时耐受电流：50kA（4s）

额定峰值耐受电流：125kA

6.2.5　防雷接地

本电站户外配电装置污秽等级按Ⅳ级考虑，配电装置外绝缘泄漏比距≥3.1cm/kV；所有电气设备的绝缘均按照国家标准选择确定。

6.2.5.1　接地装置

（1）保护接地的范围。根据《交流电气装置的接地设计规范》（GB/T 50065—2011）规定，对所有要求接地部分均应可靠地接地。

（2）整个场区，对保护接地、工作接地和过电压保护接地采用一个接地网。其接地装置的接地电阻值不大于0.5Ω。变电站的接地网以水平均压网为主，并采用部分垂直接地极组成复合接地网。储能设备区水平接地体采用热镀锌扁钢，敷设深度0.8m，垂直接地极采用热镀锌角钢。

储能设备区接地应与变电站主地网相连，若经实测接地电阻没有达到要求，可采取使用降阻剂等措施，直至场区接地电阻满足要求。

（3）本电站所有设备均应按规定进行接地。电气设备每个接地部分应以单独的接地支线与接地干线相连接，严禁在一个接地线中串接几个需要接地的部分，配电柜的每个基础槽钢两端均可靠与室内接地干线连接，根据"反措"要求，本电站设二次等电位接地网。

6.2.5.2　过电压保护

（1）配电装置的侵入雷电波保护。根据《交流电气装置的接地设计规范》（GB/T 50065—2011）中规定，利用新增35kV进、出线及母线上的金属氧化锌避雷器对雷电侵入波和其他过电压进行保护。

（2）直击雷保护。储能设备区利用储能集装箱及设备集装箱外壳进行防直击雷保护，外壳与接地网可靠连接。储能变电站利用独立及构架避雷针进行防直击雷保护。

6.2.6　电缆敷设

6.2.6.1　变电站部分

变电站内电缆主要采用电缆沟及埋管方式敷设。户外配电装置区、综合楼区域设置电缆沟道，电缆沟道内采用角钢支架敷设电缆。电缆沟至设备采用电缆穿管及直埋敷设。二次设备室设置防静电地板。

电缆防火应严格按照有关规程，对电缆通过的有关部位进行封堵处理。所有建筑物与室外电缆沟相连接处的进出口，均应设置阻火墙。室外电缆沟交叉处及长距离电缆沟每隔 100m 设置一道阻火墙。阻火墙两侧电缆 1.5m 范围，需刷防火涂料。对高、低压电缆采用分沟敷设。封堵材料采用无机速固硬质堵料和有机软质堵料。防火墙的耐火极限为 4h。

35kV 电缆采用 YJY23 - 26/35kV 型 C 级阻燃电缆，低压动力电缆采用 YJY23 - 0.6/1kV 型 C 级阻燃电缆。

6.2.6.2　储能场区部分

1. 电缆敷设

（1）储能电池至汇流柜的连接电缆利用储能电池集装箱的电缆夹层敷设。

（2）汇流柜至 PCS 的连接电缆采用电缆直埋敷设方式。

（3）PCS 至箱变的连接电缆利用设备集装箱基础空间敷设。

（4）箱变基础内电缆均采用埋管方式，出基础后采用电缆直埋敷设方式。

（5）储能设备区域所有 35kV 电缆通道采用电缆直埋敷设方式，然后从变电站预留进线位置穿入。电缆过道路部分埋管敷设。

2. 电缆防火及阻燃措施

（1）在电缆主要通道上，设置防火阻燃分隔措施，设置耐火隔板、阻火包等。

（2）墙洞、盘柜箱底部开孔处、电缆管两端、电缆沟进入建筑物入口处等采用防火封堵。

（3）35kV 电缆采用 YJY23 - 26/35kV 型 C 级阻燃电缆。低压动力电缆采用 YJY23 - 0.6/1kV 型 C 级阻燃电缆。

6.2.7　电气二次

6.2.7.1　监控系统

储能电站按"无人值班"（少人值守）的原则进行设计。电站配置一套 EMS 能量管理系统，与汇集站 SCADA 系统结合，能满足全站安全运行监视和控制所要求的全部设计功能。

储能开关站新增 SCADA 系统，35kV/110kV/330kV 间隔的信息量均需上传到汇集站 SCADA 系统，实现控制管理。

6.2.7.2　继电保护及安全自动装置

储能电站继电保护采用微机型保护装置，各种保护装置的配置应符合《继电保护和安全自动装置技术规程》（GB/T 14285—2006）。

PCS 为制造厂成套供货设备，包含直流过压保护、直流短路保护、交流过压保护、极性反接保护、绝缘监测、模块温度保护等功能。

电网失压时，储能系统仍保持对失压电网中的某一部分线路继续供电的状态称为孤岛现象。非计划性孤岛效应的发生，可能危及线路维护人员和用户的生命安全，干扰电网的正常合闸，以及使得孤岛中的频率和电压失去控制。因此储能系统必须具备防孤岛保护功能。根据《电化学储能系统接入配电网技术规定》（NB/T 33015—2014），储能站应具备防孤岛保护功能，非计划孤岛情况下，应在 0.2s 内与配电网断开，配置防孤岛保护装置。

为避免由于谐波问题而影响系统的安全运行，需要侧配置电能质量在线监测装置。

为了分析储能系统事故及继电保护在事故过程中的动作情况，使电网调度机构能够全面、准确、实时地了解系统事故过程中继电保护装置的动作行为，储能系统接入变电站应具有故障录波功能，记录故障前 10s 到故障后 60s 的情况。

6.2.7.3 计量

储能电站电能计量点设在并网点（储能电站出线侧），装设 0.2S 级双向多功能关口计量表（1＋1 配置），同时表计应具有失压计时功能，具备双向有功和四象限无功计量功能。

6.2.7.4 控制电源系统

为了供电给控制、信号、综合自动化装置、继电保护和常用灯等的电源，升压站内设置 220V 直流系统。

为保证升压站及储能电站监控系统及运动设备电源的可靠性，储能电站配置一套 UPS 系统。

6.2.7.5 安保系统

储能电站安防监视系统采用全数字方式，监视对象主要包括储能集装箱及升压站的情况。为方便运行人员监控管理，在电站主要入口、主要通道和重要区域设置相应数量摄像头进行探测和监视。

6.3 储能装置火灾报警控制系统

依据工程特点，结合现场条件，储能区内确定主要消防设计原则如下：

（1）水消防为临时高压制，采用独立的消防水系统，消防稳压泵为变频运行，消防泵工频运行。同时，消防给水可由原消防系统接入。

（2）火灾报警系统由各集装箱自备，消防采用七氟丙烷气体灭火系统。

6.3.1 水消防设计方案

消防采用临时高压制，消防系统采用独立的消防管网，消防稳压泵采用变频控制，消防泵采用工频运行。室外消火栓采用地下式消火栓，消防主管网布置呈环状。

6.3.2　气体消防设计方案

本电站计划火灾报警系统由各集装箱自备，消防采用七氟丙烷气体灭火系统。储能系统具备完善的保护功能，包括但不限于电池本体保护、电池过流过压保护、并网保护、防爆设计。储能系统设备内部集成必要的火灾探测报警系统和气体灭火系统，设备通过中国国家消防电子产品质量监督检验中心的产品型式检验报告且合格。火灾探测报警系统能够及时探测到设备内异常情况并自动或手动的启动气体灭火。火警系统应能够独立于全厂火灾报警系统工作，并可通过干接点信号将报警信息接入全厂火灾探测报警系统。投标方应负责完成储能系统消防设施、火灾检测报警及控制系统的设计、供货、调试、并完成本项目消防验收及工程竣工验收工作，设计及施工须由能够承担本项目的有相应资质的承包商完成，并负责所供系统的设备检测。

集装箱的主要任务是将铁锂电池、BMS、控制柜等设备有机的集成到 1 个标准的单元中，该标准单元拥有自己独立的供电系统、温度控制系统、隔热系统、阻燃系统、火灾报警系统、电气联锁系统、机械联锁系统、安全逃生系统、应急系统、消防系统等自动控制、连接后台监控系统和安全保障系统，集装箱中的走线应全部为内走线。

集装箱及其箱内设备（除 BMS 需要自备不间断 UPS 电源外）的工作电源采用 AC220V 自供电模式。集装箱中蓄电池储能子系统一次电路电气输出接口为储能双向逆变器（以下简称 PCS）的直流、能量管控系统接口、监控系统等。集装箱内设置一套集中壁挂式动力配电箱，动力配电箱能配合其空调系统、消防系统、监控系统及其他系统提供电力供给。动力配电箱输入侧应配置一套三相五线 TN－S 供电系统向集装箱内的负载供电。

集装箱内应配置烟雾传感器、温度传感器、应急灯等设备，烟雾传感器和温度传感器和控制开关形成电气连锁，一旦检测到故障，系统会自动启动报警系统。另外，集装箱内配置 4 盏应急照明灯，一旦系统断电，集装箱内的应急照明灯立即投入使用。

6.3.3　其他消防措施

根据《建筑灭火器配置设计规范》（GB 50140）的要求，储能区所有建筑物内均布置有移动式灭火器，以便在火灾初期提供必要的灭火手段。

6.4 共享储能集群监控及运维系统

6.4.1 设计原则

国家电网有限公司通过《以供给侧结构性改革助推国家电网高质量发展》一文，向外界明确了国网公司未来的工作重点和方向，提出了建设"三型两网"，即建设枢纽型、平台型、共享型和坚强智能电网加泛在电力物联网的目标要求。"两网"是手段，"三型"是目标，通过建设运营好"两网"实现向"三型"企业转型。

建设"坚强智能电网"，通过特高压骨干网架进行电力的大规模、长距离稳定输送，解决三北、西南的风、光、水清洁能源消纳问题；建设"泛在电力物联网"，通过广泛应用大数据、云计算、物联网、移动互联、人工智能、区块链、边缘计算等信息技术和智能技术，汇集各方面资源，为规划建设、生产运行、经营管理、综合服务、新业务新模式发展、企业生态环境构建等各方面，提供充足有效的信息和数据支撑。

国家电网有限公司 2021 年初步建成泛在电力物联网，实现业务协同和数据贯通，初步实现统一物联管理，初步建成公司级智慧能源综合服务平台，基本实现对电网业务与新兴业务的平台化支撑。

储能作为未来能源体系的重要组成部分，是推动能源转型升级的关键技术领域，是提高电网接纳新能源发电能力的重要手段。因此，通过建设基于"大云物移"、区块链、边缘计算等技术的共享储能综合管理系统，构建以电网为主导的能源互联网生态圈和产业集群，是全面推动泛在电力物联网在青海落地实践的重要内容。

共享储能综合管理系统以"三型两网"为主要设计目标，以"全局优化，统一调控，公平交易，竞价上网"为主要设计原则，实现对储能电站的智能监控、优化调度和多边交易。管理系统将储能电站纳入电网调峰调度，由电网侧统一调控，实施精准的充放电控制，让电力系统更具"柔性"调节能力；依托系统中的新能源大数据建立储能与电网互动的数据共享网络，通过优化的运行交易策略进行储能商业化运营，实现储能参与电网调峰辅助服务市场化交易，有效解决电网调峰能力不足和弃风、限光问题。

共享储能综合管理系统在服务模式和技术应用两方面进行创新，通过"智慧＋共享"模式实现供需关联互动，在提升新能源消纳、储能电站自身利用率的同时，打造能源配置平台、综合服务平台和新业务、新业态、新模式发展平台，让新能源企业共享储能资源，通过市场化收益分配实现多方共赢。

6.4.2　系统构成

储能综合管理系统接入多个储能电站数据，对储能电站进行管辖范围内的全网、区域、场站多维度运行分析。系统结构拓扑图如图6-11所示。

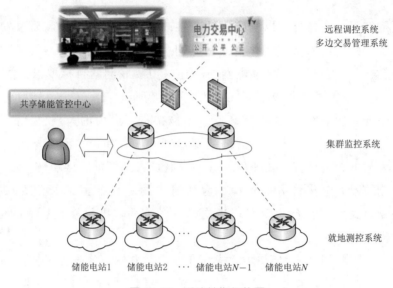

图6-11　系统结构拓扑图

6.4.2.1　集装箱就地测控系统

集装箱就地测控系统采集电池管理系统（BMS）和变流器（PCS）的遥信和遥测数据，通过边缘计算、大数据分析、人工智能等技术分析储能电池状态、预测电池寿命、进行安全分析诊断预警等，并通过IEC规约传送到上级监控系统；接受上级监控系统的遥控命令，设定或调整PCS的运行状态和运行方式。上级监控系统可实时查看整个集装箱中储能系统的实时运行数据、环境数据等。

6.4.2.2　储能电站集群监控系统

集群监控系统部署在共享储能管控中心，统一监测区域内多个储能电站内升压变、环网柜等设备关键信号，采集储能电站的运行数据、状态参数等信息；采用集群控制技术实现区域内有功和无功控制、就地调压控制、跟踪本地计划曲线、充放电控制以及全景分析等功能。通过对上传信息的优化分析处理，计算各PCS功率指令并下发给各就地测控系统。与集装箱就地测控系统通信，可以接收主站运行控制策略并执行。也可以就地编制本站运行控制策略，当与主站通信故障时，可切换至就地自治运行。

6.4.2.3　共享储能远程调控系统

储能远程调控系统提供所有储能电站的在线实时监控，以全局优化目标进行统一调控，对储能系统开展主动控制和有序管理，实现储能在电网中的规模化聚合，显著发挥储能在局部电网的多功能应用，实施电网调峰、调频、调压以及消纳可再生能源发电等多目标优化控制，丰富电网的辅助服务手段。同时也可为电网故障提供紧急功率支撑，减少严重故障造成的功率冲击，提高电网安全稳定性。

6.4.2.4 多边交易管理系统

依据准确性、可靠性、安全性、先进性、开放性等原则，采用面向服务的体系架构（SOA）实现电力市场报价、交易、合同签订、结算等一系列关键功能。该系统自底向上分为数据层、应用层和业务层，各层的功能模块通过服务总线对外提供服务。为适应多变和新生的业务需求，服务可以进行组合实现新应用。同时，多边交易管理系统还通过区块链技术实现信息安全、身份认证和统一管理的需求。

6.4.3 技术应用

为实现泛在电力物联网下的共享储能，发挥储能在电力系统中的灵活作用，储能综合管理系统应用以下先进技术。

1. 储能集群控制技术

规模化储能电站集群后能够发挥的效用远远大于单个储能，除了区域电力供求调节外，还可以通过电站的互联互济、协同控制运行，有效调节电力供求矛盾，保障电网供电安全可靠。

储能集群的规划设计充分融入泛在电力物联网建设理念，结合地区高可靠性供电需求，在储能电站设计中充分考虑功能拓展。统一电网侧储能集群中的电池管理系统、监控系统、变流器等所有设备的通信接口，实现有功功率控制、无功电压控制、时间同步及监测、网络安全监测等数据的共享。储能集群建成后将搭建一个开放共享、灵活接入的平台，以此作为泛在电力物联网的基础，探索打造具有"储能站＋变电站＋N"功能的能源综合服务站，实现能源、数据融合共享以及综合能源服务。

2. 虚拟电厂技术

虚拟电厂是聚合优化"源—网—荷"清洁低碳发展的新一代智能控制技术和互动商业模式。储能电站集群监控系统中的虚拟电厂可看作是在传统电网物理架构上，利用先进的调控技术、计量技术、通信技术把发电设施、储能设施、负荷潮流等不同类型资源进行整合协同，开展优化运行控制和市场交易。通过虚拟电厂形式给电网和光伏电站提供各类服务，实现对电网提供电能或调峰、调频、备用等辅助服务。

（1）协调控制技术。集中控制结构下，虚拟电厂的全部决策由中央控制单元——控制协调中心（CCC）制定。虚拟电厂中的每一部分均通过通信技术与CCC相互联系，CCC采用能量管理系统（EMS），其主要职责是协调机端潮流、可控负荷和储能系统。

（2）智能计量技术。智能计量系统最基本的作用是自动测量并读取各端的能量消耗量或生产量，以此为虚拟电厂提供电源和需求侧的实时信息。作为自动抄表技术的发展，自动计量管理（AMM）和高级计量体系（AMI）能够远程测量实时信息，合理管理数据，并将其发送给相关各方。

（3）信息通信技术。虚拟电厂采用双向通信技术，它不仅能够接收各个单元的当前状态信息，而且能够向控制目标发送控制信号。

3. 区块链技术

区块链技术被誉为"第二代互联网技术"，其具有的去中心化、公开透明、安全可信等特性可以无缝地对接未来能源市场化交易对交易基础环境的需求。

多边交易管理系统基于区块链技术进行搭建，形成融通电力调度控制系统的新型平台。利用区块链技术可追踪的特性，建立能源交易可信平台及智能合约，监管每一笔参与交易的能量流，建立一套完整的可追溯的发-储-配-用体系，实现共享储能的快速交易、清分结算。

区块链技术具有撮合多方交易、保障信任、促进交易等特点，基于区块链的共享储能商业运营与交易模式，能够解决传统交易模式下共享储能存在的多边交易矛盾冲突、清结算规则复杂等问题，实现市场交易的多元化。

4. "大云物移"、边缘计算及人工智能技术

通过应用大数据、云计算、物联网、移动互联、边缘计算、人工智能等信息技术和智能技术，汇集各方面资源，为储能电站的规划建设、生产运行、经营管理、综合服务等各方面，提供充足有效的信息和数据支撑。实现储能及电力系统各环节的万物互联、人机交互，形成状态全面感知、信息高效处理、应用便捷灵活特征的智慧储能服务系统，并以此形成强大的价值创造平台，共同构成能源流、业务流、数据流"三流合一"的能源互联网。

将大数据、人工智能技术应用到储能系统中，实现了新能源平滑出力、计划跟踪、AGC 调频、削峰填谷等控制功能，采用全局优化策略优化新能源并网的电力参数从而能够有效提升驾驭储能集群在复杂工况下运行的能力，提高系统运营的安全性，并延伸出多样的经营服务模式。

在"泛在电力物联网"目标下建设的储能电站，各种终端传感设施在提供设备监测状态的同时产生了大量的实时数据。若采用传统电力计算，各个电力终端采集到的数据将传输到主站统一集中处理，在加重主站运算负载的同时也增加了网络和运算延迟，影响了分析控制性能和运行效果。边缘计算是指在靠近物或数据源头的一侧，采用网络、计算、存储、应用核心能力为一体的开放平台，就近提供最近端服务。通过边缘计算在边缘端进行预处理，将大量的计算下放到执行端，满足实时数据的分析处理和低时延的业务要求，降低运维成本，提高系统效率。同时，边缘的智能化可以保

证数据的安全，帮助电网规避风险。

6.4.4 实现功能

储能综合管理系统，能实现以下功能：

（1）消纳新能源，降低弃电。储能综合管理系统通过实时采集分析新能源发电状态，在全局优化目标的控制下，在发电侧可为新能源消纳提供保障，提高新能源资产利用率，提升系统运行效益，增加区域性光伏电站的消纳能力。同时有效解决新能源发电的功率波动性和不确定性导致的电网电压稳定、频率稳定等问题，促进新能源市场快速健康发展。

（2）提供辅助服务，提高可靠性。共享储能集群电站能够在统一调度下为电网提供调峰、调频、无功支撑、黑启动等辅助功能。实现对电网频率的调节，解决区域电网短时功率不平衡问题，提高电网运行的可靠性和安全性。当系统出现故障时，可以在短时间内平抑系统震荡，稳定电压波动，提升电网运行的稳定性。

（3）实现储能共享，促进能源交易市场化。储能交易平台能够实现能源交易的金融化、能源投资的市场化和能源融资的网络化。通过互动交易、价格套餐、双边合约、集中撮合等多种方式提升能源市场的活力。

6.4.5 系统特点

（1）一体化。系统的体系结构、基础平台和应用功能按照横向集成、纵向贯通的一体化思路设计，充分考虑共享储能的业务特点和相互之间的内在联系，实现一体化运行、一体化维护和一体化使用，能够满足一体化智能储能电站调度体系的要求。

（2）标准化。系统充分支持国际和国家先进技术标准，支持IEC等最新国际标准。系统按功能模块化及接口标准化设计，实现服务和接口的标准化、数据和数据交换的规范化，以及应用功能的灵活配置和第三方软件的方便集成，具有高度的开放性、灵活性及可扩性。

（3）先进性。系统充分吸收借鉴国内外相关领域的先进技术和最新研究成果，采用了面向服务的架构（SOA）、基于安全分区的体系结构、面向设备的标准模型和统一的可视化界面等国际前沿技术。

（4）智能性。系统按国家智能电网相关要求，采用基于脚本技术、图形化编程等先进技术，通过智能告警、图形化顺控、智能调度，为紧急功率支撑、跟踪计划曲线、调压、调频、调峰、新能源消纳提供有力技术支撑。

（5）安全性。系统按国家信息安全等级保护的相关要求，系统强化基础平台和应用功能的纵深安全防护，采用满足安全要求的计算机、通信设备和操作系统等，为建立二次系统纵深安全防护体系提供有力支撑。

6.5 储能系统集成控制要素

6.5.1 顶层设计要素

大规模储能系统有多种商业模式，在国内最常见的有调峰、调频、电网黑启动和电能质量等盈利模式。不同盈利模式下的储能系统配置有很大的不同。针对调频储能系统，其储能变流器（PCS）和电池系统的配置需要依据调频需求来设计。例如 9MW/4.5MW•h 的储能系统，它可以提供半 h9MW 的功率给电网进行调频，如果电网调频需求只需要 15min 时间，储能系统 9MW/3MW•h 即可满足要求。同理，针对调峰储能系统，其 PCS 和电池的配置也不尽相同，针对 3～5h 调峰项目，可以选择低倍率、大容量的能量型电芯，其 PACK 的设计、BMS 的拓扑针对其最大充放电环境进行匹配，使其能满足系统技术要求但系统投资成本最低。因此，要降低储能系统的建设投资成本，其顶层设计必不可少。储能系统的顶层设计可以归结为一个非线性带约束条件的全局优化问题，其目标函数为储能系统的度电成本最低，其约束条件是要满足储能系统特定场景下的技术要求，包括调峰、调频、调压和其他电力辅助服务等。在其特定功能场景下需要选择最适合系统性能的电芯（依据充放电倍率、运行温度范围、循环寿命等），设计 PACK（电池系统最大充放电电流、PACK 成簇设计标准）、设计配套 BMS 拓扑（热系统管理、电芯均衡策略制定）、确定 PCS 和电池系统的最优配比以及制定 PCS 和 EMS 运行控制策略等。

6.5.2 系统集成要素

储能系统的维护成本和其系统集成的好坏密切相关。大规模储能系统是由成千上万颗单体电芯通过串并联的方式成组在一起的。由于成组电芯的不一致性和系统的短板效应，导致了整个储能系统的性能不能达到单体电芯的性能。好的系统集成商将会使得储能系统集成性能无限接近单体电芯的性能。系统集成性能的好坏主要取决于下列因素：

（1）单体电芯的一致性筛选标准，包括电芯电压、电芯内阻、电芯容量等。单体电芯的一致性有两个方面：一方面是电芯的静态电压一致性；另一方面是电芯动态电压和容量的一致性。电芯动态电压一致性又分为平台期电芯一致性和电芯放电下降区（SOC 在 15% 左右）和电芯充电上升区（SOC 在 85% 左右）的一致性。电芯及 PACK 分选的核心思想是利用人工智能（AI）的分类和聚类方法，对电芯的成组 PACK 进行分选。通过系统分选后 PACK 内最大静态误差不超过 5mV，成簇电池内最大静态电压误差不超过 30mV。

（2）电芯成组 PACK 设计和 PACK 分选原则。根据电芯的基本数据对电芯 PACK 进行设计（电芯的串并联个数）。PACK 的设计同时包含了 BMS 底层 BMU 控制单元的设计原则，即每个 BMU 管理的电芯个数，电芯之间均衡策略及跨 BMU 均衡策略等。此外，好的 PACK 分选可以无形地提高系统容量，即同样的电芯，不同的 PACK 分选策略和电池簇成组将导致系统容量差可以达到 20%～30%。在动态一致性方面，利用 BMS 的均衡策略，使得电芯在平台期误差不超过 5mV，在上升和下降区间电压差值不超过 50mV。

（3）储能系统热管理设计。电芯对温度有较高的敏感性，成千上万的电芯被集成在一起，在同样的工况下，如果环境温度不一样，其电芯的衰减特性也有很大区别。电芯的衰减不同，将使得系统运行一致性大幅度降低，最后导致系统容量大幅度衰减。基于 CFD 仿真的基础上对整个储能集装箱的风道进行设计，从而保证系统在最大充放电倍率的情况下，集装箱内部的最大温度差不超过 2℃。

（4）PCS 多级并联技术与 PCS 无缝切换。PCS 以 V/F 源形式为电网提供有力的电压源支撑点并有效增加电网黑启动电源点。V/F 源多级并联可以很好地满足电网一次调频和调压的需求，并为电网的暂态稳定提供有力的保障。PCS 多级并联技术可以有效地降低电气一次投资，减少项目用地，大幅度提高系统的能量密度。但 PCS 多级并联攻克的难点是电池储能系统的共模和差模干扰，目前需要进行载波同步，进行有线连接来抑制共模和差模干扰。但有线连接违背了 PCS 即插即用的原则，灵活性欠缺。具备无线功能，即插即用的多级 PCS 电压源并联方式是今后的发展方向。

（5）基于人工智能和大数据分析的能量管理系统 EMS。把人工智能和数据分析融入到 EMS 当中，使得 EMS 有自我学习的功能。EMS 会依据大数据来预测电网的运行方式，使其能够更为合理的安排储能的运行方式，达到长时间运行经济性的最优控制。

6.5.3　运行维护要素

在系统集成一定的情况下，储能系统运维的水平将决定系统的循环寿命。通过以下方面确保储能系统的发电量：

（1）BMS 精准的 SOC/SOH 的估算及三层架构均衡策略。SOC 的误差过大会导致电芯的过放或者电芯的容量没有完全地发挥出来。如果电芯长期处于过充的情况，原定标准 5000 次循环的电芯寿命将急剧衰减至 1000～1500 次，极大影响度电成本。反之，如果电芯充放电量没有达到既定容量，没有释放的容量将被浪费。在 SOC 估算中利用深度学习的方法（改进 LSTM 算法），直接给出每颗电芯在特定环境下能够充放的电量，其误差小于 3%，高于行业的 5%。此外，SOH 的估算精度也直接影响电芯的充放电深度。例如，在健康程度 SOH 为 100% 的 40Ah 电芯，SOC 变化范围从

10％到 90％释放的电量为 36Ah（放电深度 DOD 90％），如果电芯健康程度 SOH 下降到 90％，其 90％放电深度 DOD 对应的容量为 32.4Ah。如果还是按照之前的 36Ah 的容量对电芯放电，电芯的寿命会大大降低。因此，估算好 SOH、SOC 和 DOD 三个参数，并对充放电策略进行调整是确保电芯循环寿命的前提。此外，BMS 三层均衡架构（PACK 内部，PACK 之间和电池簇之间）将确保整个系统动态的一致性，使得系统放出的电量更为接近单体电芯放出电量的总和。

（2）储能系统的充放电策略管理。储能系统是通过 PCS 和外部电网进行接口，整个储能系统的充放电效率和充放电策略直接相关。影响储能系统充放电效率的主要因素有每簇电池 SOC 的状态、PCS 在充放电功率下的效率、变压器在充放电功率下的效率。采用的 PCS 充放电策略应首先考虑电网侧调频、调峰的需求，然后依据综合效率曲线将充放电电流最优化的分配到每一簇电池上，使得整个系统运行效率最高。依据内部计算的实时综合效率曲线进行充放电使得整个储能系统效率比一般系统提升 3％～5％。此外，为了满足电网调频、调峰和调压的综合需求，整个储能系统 PCS 依据内部电池 SOC 的状态分别工作在电压源 V/F 和电流源 P/Q 模式，并根据电网的状态或者调度指令自动来回切换，从而使得整个系统既能满足调频的快速响应的需求，又能满足调峰的电量需求。

（3）电芯及 PACK 更换策略。电芯衰减曲线如图 6-12 所示。

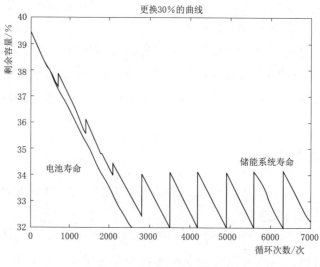

图 6-12　电芯衰减曲线

为了确保储能系统在 10 年内或者更长时间都能按照既定的电量进行充放电，需要对电芯进行实时在线监控，同时需要对电芯 SOH 的状态进行跟踪确定需要更换的电芯，从而保证储能系统的容量。图 6-12 显示了单体电芯的衰减曲线和利用基于 SOH 状态的更换策略的系统衰减曲线的对比。从图 6-12 中可以看出，单体电芯循环约 2600 次就衰减值就达到 20%，即剩余容量 SOH 为 80%。通过在线判断电芯健康状态 SOH，并利用人工智能算法（AI）自动提醒运维团队需要更换的电芯位置和电芯数量，对于循环寿命只有 2600 次的电芯，按照策略进行运维和更换电芯，可以使得整个储能系统 BESS 容量的寿命大大增加，从而确保储能项目的投资收益率。

第 7 章

共享储能商业模式探索性研究

7.1 青海储能商业模式现状

为落实习近平总书记"要使青海成为国家重要的新型能源产业基地"的指示精神,"十四五"期间,青海省重点围绕海西州清洁能源基地开发外送,2025 年青海电网逐步打造成"强直强交"的送端电网。与此同时,储能技术可以有效平抑新能源功率波动,增强新能源发电可控性,提高新能源的并网接入能力,因此在电网中配置储能的相关研究与技术受到越来越多的关注。

随着能源结构的调整,特别是可再生能源装机容量和发电量占比不断提升,储能作为稳定电力系统运行的重要手段,将在系统调节和保障稳定方面发挥越来越重要的作用。无论是分布式光储配套还是集中式可再生能源储能协同,储能与可再生能源的结合是我国乃至全球储能技术应用的必然发展趋势。

在发电侧,储能可用于辅助新能源并网,作为必要的调峰手段,储能系统连接到电网侧以改变需求响应,可消纳弃光,将更多可再生能源并入电网。在配电侧,储能电池、充电设施的成本以及储能充电站并网的影响仍然阻碍着电站的广泛应用。在用户侧,储能可在分布式发电、微网及普通配网系统中凭借其能量时移的作用,来帮助用户实现电费管理,并在此基础上实现其需求侧响应、电能质量改善、应急备用和无功补偿等附加价值。

我国储能的商业模式尚不成熟,基于发电侧储能的应用场景、政策要求、价格机制、市场机制以及电网业务监管机制等方面分析已迫在眉睫。电力市场尤其是现货市场是促进储能商业化发展的关键,因此储能的身份问题不仅要在政策中予以明确,还需在实操中予以明示。产业各方需要秉承市场开放的思路,创造多元主体参与市场的新局面,以先进的市场化理念推动储能产业发展和技术应用。

国网青海省电力公司首创共享储能理念,将发电侧、配电侧以及用户侧的储能资源以电网为枢纽进行整合,最大限度发挥价值。共享储能尤其是发电侧共享储能具有四方面优势:一是有利于促进新能源电量的消纳;二是提高储能系统的利用率;三是提高储能项目的整体收益；四是促进储能形成独立的辅助服务商身份。

在细节层面，一是进一步解决储能参与市场的身份问题，推动独立储能和用户侧储能参与电力市场，在调度和交易规则层面予以适当明确；二是创造性地实施储能参与现货市场交易，创新验证储能商业模式；三是推动"可再生能源＋储能应用"；四是丰富市场主体参与电力系统服务的工作机制，改善储能参与系统服务的补偿机制，实现各领域储能价值的多重体现。为保障收益，青海共享储能参与电力辅助服务交易已从 2019 年 6 月全面铺开，收益由双方按比例分享，实现了新能源场站和储能电站的共赢。

7.2　储能商业模式应用

7.2.1　经营性租赁模式

经营性租赁模式作为现代服务业中一种资源整合的新商业模式，顾名思义，是一种以经营为目的而采用的一种交易方式。经营租赁是为满足承租人临时或季节性使用资产的需要而安排的"不完全支付"式租赁。它是一种纯粹的、传统意义上的租赁。承租人租赁资产只是为了满足经营上短期的、临时的或季节性的需要，并没有添置资产上的企图。经营租赁泛指融资租赁以外的其他一切租赁形式。租赁开始日租赁资产剩余经济寿命低于其预计经济寿命 25％的租赁，也视为经营租赁，而无论其是否具备融资租赁的其他条件。该模式下，首先出租方将自有的资产按照承租方需求进行前期设计、设备选型及完成相应配套服务，然后由承租方支付租金获得使用权后进行经营活动，租赁结束后资产仍归出租方所有。作为众多商务模式中的一种，经营性租赁模式应用于经营铁路建设、飞机运营等环境中，该模式对出租方和承租方各有优点和不足。

1. 出租方角度

该模式对出租方的优点是：①能够获得更高的利润，与其他建设项目或设备出租相比，采用经营性租赁模式，由于其囊括了前期设计、设备选型及完成相应配套服务，其更容易在市场上形成核心竞争力，以及承担了资金筹措、信用风险等，故而能够获得更高利润；②项目利润的收取方式简便，经营性租赁项目可以避免承租方过多地参与项目或设备全过程管理引起的进度、需求变更问题及相关进度款、结算、审计问题，出租方只需在设备交付后按约定时间收取相应租金。

但是该模式对出租方也存在一些固有的不足：①风险较大，由于租赁合同执行时间较长产生的承租方资信问题及设备在合同期内的维护问题，潜藏着众多风险；②前期成本和投入大。

2. 承租方角度

该模式对承租方的优点是：①承租方不需介入项目建设过程，不需提供建设资金，只需按照合同约定定期支付租金，这大大减少了项目的前期投资规模，减轻了承租方短期的资金压力；②规避了设备安装建设过程中的过程管理风险，通过由出租方负责设备的选型采购、安装、建设及维护，更有质量、进度、成本控制的积极性，承租方则获得更高质量的产品和服务。

但是该模式对承租方也存在一些不足：①经营性租赁模式在各个行业中应用属于逐步发展完善中，在电力企业中应用更属于探索期，同时具备资金能力、管理能力的成熟出租方还比较少，承租方的选择范围较窄；②因为经营性租赁模式需满足承租方的特殊或急迫需求，而且国内此类出租方较少，从而导致前期多采用邀请招标模式，叠加租期、维护费用等因素，致使出租方将设备购置风险、信用风险等纳入风险成本，从而导致租金的增加。

国家电网有限公司在电力施工设备租赁方面具有推动作用，2012 年 6 月开始为特高压重点工程的建设提供租赁设备，有利于这一业务的市场化发展。融资租赁这一投资方式在电网建设中的大力发展，有利于适应新电改政策，缓解资金不足问题，增加融资渠道，当多方投资主体进入电网建设中时，其现实意义不断扩大。研究青海经营性租赁模式研究的主要意义如下：

（1）经营性租赁模式作为一种投资渠道，允许社会资本进入电网建设，对于资金来源的多元化具有重要意义。另外，在控制电网公司垄断方面有一定作用，这得益于竞争对手的引入，也将使电网公司更积极地创造利润，推动体制改革的实现。

（2）经营性租赁模式的应用对投资能力的影响比较小，节约的资金可以用于其他项目的建设，有利于多个项目同时进行。电网公司作为承租方，仍然负责设备的运营，保证电力传输的安全性和有效性。

（3）经营性租赁模式的运作机理综合考虑了储能建设的特点，为租赁各方提供操作要点和风险控制准则，使各方能够遵循一定的程序，将风险降到最低，从而使整个投资过程顺利进行。

（4）在租金计算方法上，承租方通过一定计算规则核准租金，保证电网公司在约定租金时考虑到各项风险，保障自身的权益不受损害，并及时采取防范措施，做出正确的决策。

因此，新电改机制下储能经营性租赁模式研究具有实际意义。首先分析配电网业务环境，了解经营性租赁基本理论，研究不同的适合电网储能建设的经营性租赁模式，针对不同的模式特点，选择适应新电改环境的主要设备经营性模式，并对该模式进行风险识别与评价。

所谓经营性租赁模式，是在电网建设中通过经营性租赁模式解决经济的快速发展与资金相对有限的矛盾，达到以较短的周期、较小的成本，及时、有效地消除设备老化带来的安全隐患，提高设备质量和可靠性的目的。

租赁设备主要为电力安全生产必需、急需的设备和装备，对于确保安全可靠供电、降低网损、提升供电服务水平、提高输电线路的输送能力和电网安全稳定水平、优化配置资源都有着重要作用。其必要性主要为以下几个方面：

（1）受电网结构、投运年限等影响，部分设备老化严重，安全可靠性较差，存在安全隐患，根据国家电网有限公司十八项反措和精益化管理等要求，需要对部分老旧设备进行更换或改造。

（2）随着电网建设和社会生产力的不断发展，用电量、供电可靠性、电能质量等要求不断提升。为确保电网安全稳定运行，需加快自动化、通信等先进技术的应用和智能配网建设。

（3）近几年电网规模急剧扩大，生产人员数量却基本保持不变，传统的设备管理、运行检修模式、检测手段已不能满足生产管理的需要。因此需要配置新型、适用的巡检、检（监）测设备，以提升设备健康状况的可控、在控能力。

（4）短期内设备需求急剧增加和项目资金相对有限的矛盾较为突出，采用经营性租赁方式可缓解资金紧缺的局面，提高公司资金使用效率。

经营性租赁项目实施方案流程如图 7-1 所示。

1. 需求分析

结合某省电力公司发展部近三年的综合计划落实情况，确定经营性租赁的需求确定原则为无法通过技改等项目及时解决且电网急需设备，设备范围包括电网设备、运检及应急装备、试验设备等。

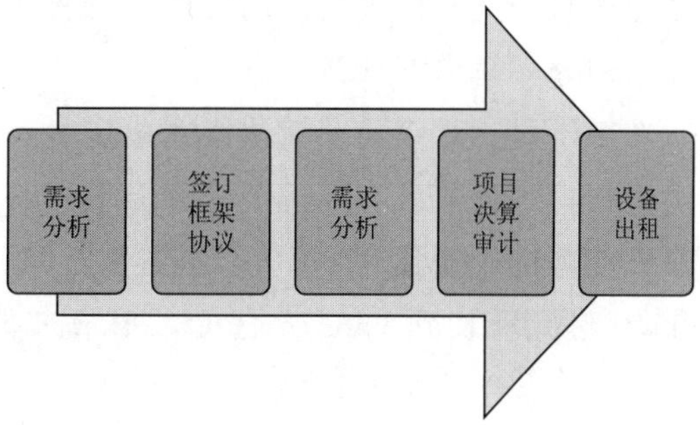

图 7-1　经营性租赁项目实施方案流程图

2. 签订框架协议

基于出租方和承租方共同认可的租赁设备，双方签订合作框架协议，协议内容一般包括租赁设备范围、技术原则、商务原则、运维原则、实施计划及其他事项。协议中商务原则对租赁设备的定价原则、租赁期、租金计算及支付、质量保证等做出约定，也是租赁合同签订的依据。

3. 项目实施

经营性租赁模式下的项目实施包含设备生产或采购，以及相应的配套服务，是指为了满足租赁设备的使用功能而进行的安装、调试等服务，直至具备生产条件。

4. 项目决算审计

设备具备生产条件后，由出租方和承租方共同认可的第三方审计单位对项目进行决算审计。项目决算审计的内容包括决算材料的完整性、概算执行情况审计、使用权移交的设备的真实性和完整性审计等。

5. 设备出租

设备出租是以租赁合同的签订为标志。当设备具备生产条件时，出租方向承租方出租资产使用权，出租方在租赁期内支付租赁费，并负责设备的运维。

由于电力企业中租赁物对于电网稳定运行有重大意义，一般在租赁合同签订时会由出租方和电力企业约定租赁期满后租赁物所有权的处理方式。为保证出租方提供成熟可靠、业绩优良的设备，作为承租方的电力企业在签订合作框架协议前，对出租方产能、资质、业绩等需要做详细评估。

7.2.2 合同能源管理模式

合同能源管理起源于 20 世纪石油危机后，随着西方发达国家对节能降耗愈加重视，市场上逐渐发展出的一种全新的节能机制。节能服务公司与期望进行节能改造的客户企业签订服务合同，以契约形式约定节能项目的实施内容或节能目标。随后节能服务公司依据服务合同向客户企业提供一系列必要服务，并为客户企业承担改造项目实施中的各种风险。待节能改造项目实施完成后，根据合同约定从节能收益中获取经济利润回报。合同期满，节能改造设备移交给客户企业，所产生的节能收益全部归客户企业所有。此种模式在国内被广泛的称为合同能源管理模式（Energy Management Contracting，简称 EMC）。

在 20 世纪 90 年代末期该模式逐步引入到我国后，合同能源管理业务受到了政府的大力扶持，目前已有 5 批节能服务公司在国家财政部和国家发展改革委完成备案，从事该业务的企业达到 4000 家左右。2004—2014 年间，我国合同能源管理总投资额从 11.0 亿元增长到 958.76 亿元，形成节能量 2996.15 万 t 标准煤，减排二氧化碳 7490.38 万 t，合同能源管理模式已成为一种重要的节能服务产业模式。2010 年左右，合同能源管理模式逐步出现在我国电力行业当中，成为电厂节能技术改造的可选模式之一。

合同能源管理业务实施主体为节能服务公司，通过提供用能状况诊断、项目可行性研究、融资投资、设备招标采购、施工过程管理、节能量核算、申报国家财政奖励等一系列服务来体现其自身价值，并从中获得经济利益回报。节能服务公司是集资金、技术、管理与咨询服务于一体的多功能服务提供商，在合同能源管理项目上起主导作用。

为鼓励节能服务公司做大做强，为节能服务产业创造良好环境，2012 年 4 月 2 日国务院办公厅发布《关于加快推行合同能源管理促进节能服务产业发展意见的通知》（国办发〔2010〕25 号），对节能服务产业采取了一系列支持政策：已备案的节能服务公司实施的合同能源管理项目可免交营业税，项目资产移交给用能单位时免交增值税；合同能源管理项目取得的节能收益前三年免交企业所得税，第四到第六年缴纳减半的企业所得税。

近年来，政府积极支持合同能源管理服务的发展，国务院 2010 年 4 月印发《关于加快推行合同能源管理促进节能服务产业发展的意见》，要求对开展合同能源管理的项目考虑实施财政补贴、税收优惠和政策支持等。随着国内节能服务业的迅猛发展，节能服务业合同能源管理项目投资迅速增长。2011—2019 年，合同能源管理投资规模呈现增长趋势，2019 年我国合同能源管理投资额达到 1141 亿元。电网企业实施合同能源管理的可行性可由内部优势和外部需求两方面进行概括。

1. 内部优势

（1）人才和技术过硬。电网企业拥有与配电、用电设备研究、制造、设计相关的大量技术人才，学历高，素质好，具有扎实的技术和丰富的经验。通过选定系统最优运行方式、合理分配电网负荷、提高设备功率因数或电网改造等方式实现电网的科学管理，减少变压器和电力线路的总损耗，提高电网经济效益。

（2）资金雄厚。一个成熟电网的建设从前期可行性规划到基础建设都需要大量资金投入，我国的几大电力公司均为是国有大型股份制企业。在资金管理方面相比一般企业而言，在长期发展中累积了雄厚的资金，强大的企业规模另一项优势就是融资能力强，可以实施一般规模的节能服务公司无法进行的大型节能项目。在电网企业进行节能改造时，还可以通过售电进行资金回流，不仅能够及时反映出电力用户的用电水平，还能直接体现节能改造的效益情况，减小了节能改造项目进行时的部分效益回收风险。

（3）垄断营销模式。我国政策和法律法规支持电力建设的同时，也造成了电力企业垄断营销的局面。电力行业是我国的基础性行业，供电范围广阔，营销资源丰富，营销部门和专业人员的数量众多，电力用户的数量更是庞大，并且与电力用户形成了稳定的关系，这些优势对于电力企业推广节能服务技术和节能意识非常有利。

（4）能源供给环节的重要地位。电网企业处于发、输、变、配的中间环节，能否可靠供电是电网企业对电力用户的供电能力和服务质量最直接的体现方式，是电网设备水平和科学调度管理水平的综合体现。高可靠性的电网企业可以成功引导电力用户积极进行节能改造，共同提高能源利用率。

2. 外部需求

（1）显著的经济和社会效益。满足企业的发展需要同时还要完成和国家要求的降耗指标，电网企业一般通过减少电量销售的方式减少发电，从而减少资源利用。一方面，发电量的下降必然导致用电量的减少，难以满足用户的用电需求；另一方面，此种趋势如果长期发展下去，电力交易市场必然会受到影响，制约电力企业自身和电力用户的双向发展。随着电网企业建立自己的节能服务公司，节能改造后与用户进行节能效益分享，可以弥补由于售电造成的经济损失，将节能对电量经济效益的影响降到最低，而且，电网企业节能服务公司的市场业务范围越广、业务量越大，越能减少电网企业的节能服务基础成本，进一步降低由于售电量减少造成的经济损失，创造可观的经济效益，甚至可以将之变成电网企业新的经济发展方向。经济效益满足了，节能降耗指标完成了，电网企业可以根据实际情况恢复发电量，满足电力用户的用电需求，这个过程中为电力用户供电的同时进行节能服务，不仅履行了电力企业的社会责任，提高了用户的满意程度和对电网企业的信任度，而且带动节能服务产业发展，实现经济和社会效益。

（2）吸引电网企业推进合同能源管理。面对节能减排的严峻形势，电力部门应该积极履行国有企业的社会责任，利用自身在营销、资金、技术、人才等方面的能力和经验，创新节能技术，向企业自身乃至全社会提供全方位、有保障的节能服务。在保障电力客户安全可靠供电的同时，也创造了电力企业的社会价值，树立了企业的积极形象，作为国家的重要行业，以身作则，完成电力需求侧管理中对电力企业的要求，实现节能减排的目标，推动我国从粗放型向集约型发展方式的转变。对于积极履行节能减排、完成降耗指标的企业，国家在政策上和经济上必定会给予相关的资金奖励和税收优惠的政策支持，例如国家发改委认定的第二批 400 多家可以享受国家政策奖励的公司，国家电网公司、南方电网公司等电力企业位列其中。

（3）为相关节能产业链提供发展机遇。在电网企业建设的节能服务体系中，节能服务公司作为中间环节，连接着节能改造企业和电力客户，带动相关环节各方的利益，这条产业链的各个主体彼此联动、共同运作。与之相关的节能设备制造商、金融机构、节能专业知识培训等产业也会相应增加一定的商业利润和发展机遇，形成多方受益的良好局面。

机会与挑战并存，电网企业应该紧紧抓住当前我国节能服务产业快速发展的黄金时期，发挥自身在人才、技术、资金、融资、营销等方面的独特优势，建立附属于电网企业的节能服务公司，加快制定相关政策和实施方案，大力推进合同能源管理模式，切实有效地执行节能项目改造，带动相关产业健康发展，发挥企业的社会价值。从国际经验看，美国、法国和日本等国家的知名电力公司都建立了属于本公司的节能服务部门，并成为本国节能服务行业的中坚力量。

7.3 储能商业模式的发展规划

7.3.1 拟发展储能多种商业模式

7.3.1.1 辅助服务模式

定位于新能源发电侧国内最大的电池储能调峰调频辅助服务示范电站。依据国家能源局《关于促进电储能参与"三北"地区电力辅助服务补偿（市场）机制工作的通知》（国能监管〔2016〕39号）的精神，将储能电站作为独立主体参与电力辅助服务市场交易。储能电站联合周边光伏电厂，以竞价的方式或零单价将储能电站周边光伏电站不能上网的电量吸收储存在储能电站内，储能电站放电电量等同于光伏电站发电量，按照新能源发电厂相关合同电价结算。新能源发电厂联合储能后，成为了优质可靠电源，电网实行优先调度的原则。

储能电站作为独立主体，与周边光伏电站合作，充分发挥储能的作用，提升光伏电站发电小时数。以省或区域内光伏电站（不带储能）上一年的平均发电小时数作为基准，光伏＋储能联合工作后，光伏电站所增加的发电小时数所产生的发电收益，储能电站和光伏电站业主按一定的比例进行分成。

7.3.1.2 消纳新能源发电模式

能源发电侧国内最大的电池储能调峰示范电站，依据国家能源局国国能电力〔2016〕304号文件"国家电力示范项目管理办法"的精神，储能电站建设在光伏发电装机容量大，"弃光"比较严重的地区。充分发挥储能电站削峰填谷、调频调相等功能，有效减少新能源发电并网对电网运行的冲击，提升电网新能源发电接纳能力、调峰能力和系统运行的灵活性。以此次电改为契机，通过建立市场化的交易平台，以竞价的方式将储能电站周边光伏电站不能上网的电量吸收储存在储能电站内，在电网低谷或线路空闲时，将储能电站所储存电量送到网上。

储能电站作为独立主体，参考光热发电模式，向政府主管部门申请单独的储能电价，以竞价的方式或零单价将储能电站周边光伏电站不能上网的电量吸收储存在储能电站内，在电网低谷或线路空闲时，将储能电站所储存电量放到网上，储能电站所放电量所产生的收入即为电站收益。

7.3.1.3 电池蓄能电站模式

参考国家发展改革委《关于完善抽水蓄能电站价格形成机制有关问题的通知》（发改价格〔2014〕1763号）文件精神，将储能电站作为独立主体为电网提供相关服务，参考抽水蓄能电站电价模式对本蓄能电站实行两部制电价。电价按照合理成本加准许收益的原则核定。其中，成本包括建设成本和运行成本，准许收益按无风险收益率（长期国债利率）加1％～3％的风险收益率核定。

（1）两部制电价中，容量电价主要体现抽水蓄能电站提供备用、调频、调相和黑启动等辅助服务价值，按照弥补抽水蓄能电站固定成本及准许收益的原则核定。逐步对新投产抽水蓄能电站实行标杆容量电价。

（2）电量电价主要体现抽水蓄能电站通过抽发电量实现的调峰填谷效益。主要弥补抽水蓄能电站抽发电损耗等变动成本。电价水平按当地燃煤机组标杆上网电价（含脱硫、脱硝、除尘等环保电价，下同）执行。

（3）电网企业向抽水蓄能电站提供的抽水电量，电价按燃煤机组标杆上网电价的 75％执行。

7.3.1.4　储能商业模式风险

（1）储能上网电价没有明确的政策保障，储能电价水平决定项目的可行性。

（2）政府宏观调控和相关政策的变化对项目后期收益的影响：例如光伏发电的上网电价逐步降低等一些不可控的政策出台。

（3）随着大电网建设的迅速发展，电网的输送能力不断增加，光伏等新能源发电弃风弃光的现象消失。

7.3.1.5　储能商业模式建议

（1）建议储能上网电价按现行光热发电电价 1.15 元/（kW·h）取得政府的批复。

（2）建议政府相关部门明确对储能电站的扶持政策，例如对参与辅助交易的储能联合光伏发电给予优先调度。

（3）建议引入外部合作方（例如电池厂商，光伏电站等），创新合作方式，充分发挥各自优势，利益共享，风险共担。

电站提供服务的收益比较，考虑采用以下两种模式之一参与市场化交易：

1. 模式一：与新能源场站开展交易

（1）限电电量增发收益。国网青海省电力公司与共享储能电站投资方、新能源场站业主签署三方合同，共享储能电站优先用于在限电时段存入新能源电站的弃风、弃光电量，在非限电时段放出，实现新能源电站上网电量增发。

在共享储能电站充电期间，储能电站投资方充入的每度电以折扣后的标杆电价（例如标杆电价的 95％）获得收益，新能源电站业主获得标杆电价中其余部分（例如标杆电价的 5％）的收益。

在共享储能电站放电期间，储能电站不向电网公司收取电费，电网公司负责电量消纳的调配，确保储能电站电量充分放出。

电网侧负责针对储能投资方和新能源发电业主进行收益结算工作，结算包括两部分：首先针对 0.2277 元/（kW·h）按照三方合同分配比例按月进行结算，给储能投资方和新能源发电业主；其次针对国家补贴滞后部分，当国家补贴下达后，按照合同分配比例结算给储能投资方和新能源发电业主。

（2）调峰收益。根据青海省电网销售电价，高峰、低谷、平段三个时段，每个时段各为 8h。即高峰 9：00—12：00 及 18：00—23：00；低谷 24：00—8：00；其余为平段。

共享储能电站在参与限电电量增发服务之余，还可在夜间和次日，上午进行第二次充放电循环，充放电电价依照大工业分时电价与电网公司进行结算，从而获得额外的峰谷套利收益。

2. 模式二：参与电网侧调峰并直接与电网公司交易

共享储能电站与青海电网公司直接交易，参与电网侧辅助服务，提升电网调峰能力，其运行控制状态由电网调度部门决定。

当电网需要调峰资源的情况下，调度机构按照电网调用储能调峰价格〔例如0.7元/(kW·h)〕调用储能设施参与电网调峰。在共享储能电站的充电期间，电网公司不向其收取充电电费。

7.3.2 共享储能商业模式发展

共享储能电站项目旨在通过经济手段调动储能电站提供辅助服务的能力，促进风电、光伏发电等新能源消纳。最大化市场透明度，为市场成员提供尽量准确、可靠、及时的市场信息。对现有市场成员和潜在市场成员的准入条件一致。储能电站参与电力服务服务市场应严格执行调度指令，不得以参与辅助服务市场交易为由影响电力安全。

鉴于海西州地区、海南州地区的电网架构、新能源装机情况、外送情况、负荷情况的差异性，海西州地区与海南州地区的储能电站收益模式不同。

1. 海西州地区

与新能源场站开展交易，海西州地区新能源装机规模大，区内用电市场小，海西州断面受阻，现有通道能力已经无法满足海西州新能源的送出需求，从而导致白天光伏弃光现象严重。共享储能电站优先用于在限电时段存入新能源电站的弃风、弃光电量，在非限电时段放出，实现新能源电站上网电量增发。非限电时段有调峰需求时，参加电网的调峰辅助服务，获得补偿收益。

国网青海省电力公司与共享储能电站投资方、新能源场站业主签署三方合同。在共享储能电站充电期间，储能电站投资方充入的每度电以折扣后的标杆电价获得收益，新能源场站业主获得标杆电价中其余部分的收益。

在共享储能电站放电期间，储能电站不向电网公司收取电费，电网公司负责电量消纳的调配，确保储能电站电量充分放出。电网侧负责针对储能投资方和新能源发电业主进行收益结算工作，结算包括两部分，首先针对0.2277元/(kW·h)按照三方合同分配比例按月进行结算，其次结算给储能投资方和新能源发电业主。

2. 海南州地区

先与新能源场站开展交易，条件具备时参与电网侧调峰。海南州地区由于青海—河南特高压外送线路，虽然部分缓解了新能源电站弃风、弃光现象，但弃光弃风仍然严重。另外为了保证外送线路的安全，须配套电源建设，因此海南州地区共享储能电站的交易模式不同于海西州地区。

白天储能电站用于在限电时段存入新能源电站的弃风、弃光电量，在非限电时段放出，实现新能源电站上网电量增发。合同签订方式、收益模式、结算方式同海西州地区。夜晚，风电大发，用电负荷需求小，储能电站存入弃风电量，在早上外送电高峰期间放出。储能电站将参与电网侧调峰，与青海电网公司直接交易，提升电网调峰能力，其运行控制状态由电网调度部门决定。当电网需要调峰资源的情况下，调度机构按照电网调用储能调峰价格调用储能设施参与电网调峰。

3. 投资测算初步结论

对于海西州地区共享储能电站项目，应根据单个变电站范围内各个新能源电站的限电时段及限电电量进行深入分析，确保储能系统全年充放电需求与实际情况相匹配。此外，在此类交易模式下，由于新能源电站存在国补延迟发放问题，对项目投资收益率造成一定影响。

对于海南州地区共享储能电站项目，储能电站日充放电循环次数达到 1.3 次以上时，投资收益率基本满足要求。因此，建议选择调峰需求空间大、单日调峰次数多的区域，优先开展共享储能电站建设。

第 8 章

共享储能市场化交易探索与实践

8.1 共享储能市场化交易探索

8.1.1 共享储能存在的问题

储能系统在发电时存储电能，在需要时释放电能，这一特征可以显著促进可再生能源的使用精度和效率，避免过剩电能的浪费，同时增强了对电能的控制和调度，起到稳定电力系统的作用，是解决可再生能源大规模接入和弃风、弃光问题的关键技术。

通过储能技术，将电力生产和消费在时间上进行解耦，使得传统实时平衡的"刚性"电力系统变得"柔性"。利用储能系统的充放电特性优势，通过大规模储能电站的规模化分散布局和运行调控，可以有效促进大规模新能源电站电能的消纳和外送。同时，储能系统除了在电网调峰、调频中发挥巨大作用，助力消纳新能源外，还可以通过功率调节快速能力为电网提供安全支撑。随着大规模可再生能源的快速发展，储能技术必将成为能源行业特别是电力系统转型的重要支撑。

尽管近年来储能技术发展突飞猛进，行业应用和装机容量呈现出几何级数的增长，储能领域依然存在着政策标准缺失、单位系统成本高、利用效率偏低、盈利模式不明确、缺乏可复制的商业模式等一系列问题，严重阻碍了储能作为一个新兴产业的快速发展。目前储能项目主要靠峰谷价差获得利润，收益来源单一，收益率不高。考虑到在项目开发时的投入，峰谷价差较高的区域，投资回报周期尚普遍在 7 年以上，除少数有高电价差或多重收益场景的项目，其他项目普遍缺乏投资吸引力。同时，政府补贴周期较长及未来峰谷电价政策的不确定性等问题也严重阻碍了储能产业的健康发展。因此，亟需设计一种新的商业模式来推动储能产业可持续发展。

8.1.2 共享储能商业运营模式

随着电力能源产业技术能力的不断进步和互联网时代的到来，能源互联网逐渐成为未来电网发展的主要趋势，而能源利用方式一直是能源互联网构建中的最重要环节之一。现阶段，由互联网、物联网技术催生的共享经济模式在全球范围内得到广泛应用，这为储能规划和运营方式的变革带来了新思路。共享储能作为一种新兴的储能供应与使用形式，具有分布广泛、应用灵活的优点，可以有效提升高渗透率下电网的稳定特性和对新能源的消纳能力，目前已成为能源互联网框架中储能应用的重要研究方向之一。

共享储能是在能源互联网背景下产生的新一代储能理念，对提升电力系统新能源消纳能力具有重要意义。传统储能装置往往仅服务于单一的新能源电站，各个电站的储能装置彼此没有直接的联系。而共享储能是将所有储能装置视为一个整体，彼此之间通过不同层级的电力装置相互联系、协调控制、整体管控，共同为某一区域范围内的新能源电站和电网提供电力辅助服务。通过储能共享，可以有效提高新能源电站的消纳能力，为新能源电站和区域电网提供更加坚强的支撑能力，保证新能源电站和电网系统运行更加稳定，缓解大规模新能源的弃风、弃光问题，同时支撑电网稳定运行，同时也可大大降低储能的投入成本，实现储能装置的经济效应最大化。由于概念提出时间较短，目前共享储能主要处于基础研究阶段，主要是基于共享储能思想的新能源电站及储能电站容量规划设计等装置层面的研究，尚未出现针对共享储能商业交易模式的系统性研究。

由于储能电站自身的共享特性，储能系统将与新能源电站、用户之间产生更为复杂、紧密的多边交易联系，而传统的交易模式存在交易信息不透明、交易商业模式单一、清结算规则复杂等典型缺点，难以满足基于共享储能系统的多主体交易需求。因此，基于共享储能的不同运行场景，亟需开展双边协议交易、市场化交易平台、电网调度等平台下的共享储能商业运营与交易模式研究，对具有快速、公开、透明、安全的新型运营交易体系进行技术探索。

克服共享储能在运营模式上的障碍，探索一种适用于共享储能的商业模式是实现共享储能商业化运营的关键环节。

8.1.3　基于区块链的共享储能交易模式

在某些电力市场较为成熟的发达国家，已将电力辅助服务作为一种商品，通过市场竞价的方式进行供给。储能作为一项新兴主体，在陆续出台的政策中逐渐被列为电力市场的参与主体，为储能实现商业化运行、充分发挥其可提供多种类服务的潜力提供了可能。国内电力市场无论在地域规模、机组数量、负荷分布范围、用户数量均与其他国家有所不同，若采用中心化管理方法不仅耗资巨大，而且不同地省网在试点和具体实施过程中的市场机制也存在差异，从而为统一规则的制定和监管带来困难。在信任脆弱、主体间关系错综复杂的条件下，区块链作为低成本的无中心化共识方案，可以为辅助服务市场交易进行公证，建立服务购买者、服务供应商之间交易的场外注册机制，达成辅助服务市场中各参与实体之间的分区局部共识，在实现分布式决策的同时兼顾效率。以区块链低成本信任传递为手段，可以实现辅助服务市场中不同能源主体、系统之间的能量流、信息流、资金流的可信管理。因此，亟需对区块链在电力辅助服务交易领域应用的关键技术进行研究，通过低成本技术保障参与电力市场交易的用户交易合法、安全、有效性。

"区块链"作为一种典型的数据库技术，最核心的优势是因其透明、开放性、自治性、信息不可篡改、匿名性等特点，保证了不同主体之间能够相互信任，进而极大减少了重塑或者维护信任的成本。区块链最先应用于建立新的数字货币体系，之后对象从单一的货币向不同类型的资产进行延伸，具体应用到智能合约、智能资产等方面。由于区块链技术的上述优点，国内外企业学者开始尝试将区块链应用拓展到能源相关的领域，并开展了部分工程实例。

目前区块链在电力系统中的应用主要有功能、对象、维度三个层面。其中：功能层面主要用于电力计量认证、市场交易、组织协同和能源金融四个方面；对象层面主要用于源、网、荷、储的部分或整体运行和调控；属性层面主要用于确立能源互联网信息流、价值流、能量流的存储和管控。现阶段针对区块链在电力系统上述三个层面的研究仍处于概念阶段，仅有小规模的理论研究和实验探索。

国外，美国的能源公司 LO3 Energy 与比特币开发公司 Consensus Systems 合作，在纽约布鲁克林 Gowanus 和 Park Slope 街区为少数住户建立了一个基于区块链系统的可交互电网平台 Trans Active Grid，平台上每一个绿色能源的生产者和消费者可以在平台上不依赖于第三方自由地进行绿色能源直接交易；欧盟 Scanergy 项目旨在基于区块链系统实现小用户绿色能源的直接交易，该项目设想在交易系统中每 15min 检测一次网络的生产与消费状态，并向能源的供应者提供一种类似于比特币的 NRG 币作为能源生产的奖励，该项目目前尚未投入实际运行。在国内，清华大学、浙江大学、华北电力大学等高校对基于区块链技术的能源互联网源网荷储等不同主体在计量认证、市场交易、协同组织、能源金融等方面的功能实现进行了相关研究探索，目前尚未开展较大规模的实践探索。

8.2　共享储能市场化交易实践

为践行"绿水青山就是金山银山"的发展理念，扎扎实实推进生态环境保护，推动能源优化转型和高质量发展，深入贯彻"四个革命、一个合作"能源安全新战略，全面加强电力市场建设，积极推进电力辅助服务市场建设和运行工作。可以通过建立市场化的运行补偿机制，充分调动发电企业参与调峰等辅助服务的积极性，保障电力系统安全稳定运行，促进新能源更好消纳。

对于将要启动运行的青海电力辅助服务市场，创新性地引入共享储能市场化交易，将实现共享储能在市场化交易方面的新突破。2019年4月15日，国内首次由储能电站与集中式光伏电站之间开展的调峰辅助市场化交易合约在青海省西宁市签订，标志着青海共享储能调峰辅助服务市场试点启动。4月21—30日，在西北能监局和青海省能源局的大力支持下，国网青海省电力公司采取市场合约方式，组织鲁能集团青海分公司、国电龙源青海分公司、国投新能源投资有限公司三家新能源企业，将富余光伏与共享储能开展调峰辅助服务市场化交易试点，预计完成交易电量50万～100万kW·h。

8.2.1 实践过程

此次试点交易，储能方为鲁能多能互补储能电站（50MW，100MW·h），售电方为国投华靖格尔木光伏电站（50MW）和龙源格尔木光伏电站（50MW）。交易期间，售电方在出力受限时，调度机构利用AGC进行控制，将售电方原本要弃的电量存储在储电方共享储能系统中，在用电高峰和新能源出力低谷时释放电能，以提升新能源消纳能力和电网调峰能力，促进资源优化配置。4月21日0：00，储能电站AGC控制投入"电网调度AGC控制"模式，储能共享试点交易启动，至4月30日24：00，该项工作圆满结束。

10天期间，受天气影响新能源受限情况不同，储能装置利用水平波动范围较大，日充电电量2.8万～10.6万kW·h，日放电电量2.5万～8.4万kW·h，累计充电电量80.36万kW·h，累计放电电量65.8万kW·h，储能综合转换效率81.9%。鲁能海西多能互补基地储能电站日充放电量如图8-1所示。其中，4月22日海西州地区天气晴和多云为主，风光资源好，当日充电量达10.64万kW·h；4月30日海西州地区阴雨天气为主，风光资源差，当日充电量仅2.8万kW·h。

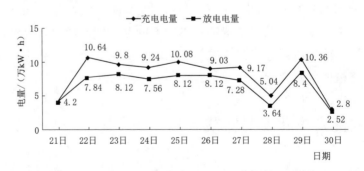

图8-1 鲁能海西多能互补基地储能电站日充放电量

此次试点交易实现光伏电站增发电量65.8万kW·h，创造直接经济效益75万元，折合全年预计光伏电站利用小时数可增加180h，增加经济收益2250万元。交易电量根据储电方释放电量计算，按照售电方与储电方分摊交易电量收益的方式，实现光伏企业和储能企业共赢。

8.2.2 实践成效

通过本次试点交易验证了"一个机制""一个交易品种"和"四个技术"的可行性，尝试了区块链技术在共享储能中的应用。

1. 验证了共享储能机制的可行性

国网青海省电力公司以西北电力辅助服务市场建设为契机，创新地应用泛在电力物联网理念，依托国家电网公司在青海成立的新能源大数据平台，应用区块链技术建立储能、新能源企业、电网互动的数据共享网络交易平台。构建共享储能机制是此次试点交易的创新举措，试点的成功验证了共享储能机制的可行性。

2. 验证了"调峰辅助服务市场"交易品种的可行性

以市场化手段还原了电力商品属性是我国电力体制改革的主线，是推动形成功能齐备的能源生产体系、产销对接的能源消费体系的重要途径。国网青海省电力公司将储能参与电网调峰辅助服务市场化交易作为突破口之一，组织新能源企业与储能企业之间开展规模化市场交易，丰富电力市场交易品种，促进电力市场发育，为青海电力辅助服务市场建设积累了经验和数据。储能参与调峰辅助市场化交易是此次试点交易的重要探索，试点的成功验证了"调峰辅助服务市场"这个交易品种的可行性。

3. 验证了"四个技术"的可行性

（1）验证了"区块链技术"的可行性。依托国家电网公司在青海成立的新能源大数据平台，首次应用区块链技术建立储能、新能源企业、电网互动的数据共享网络交易平台。通过对电网实时运行数据流信息的收集、研判，组织实施共享储能市场化交易，应用区块链技术自动形成智能合约并实现集中交易的优化控制执行，增加交易的效率、安全性和透明度。对各类交易合约和成交电量在区块链内各节点进行存证，作为结算依据，防止数据被篡改，提高数据的可信度，验证了区块链技术应用于共享储能的可行性。储能电站实时充放电电力曲线图如图8-2所示。

（2）验证了"共享储能调度控制技术"的可行性。青海省调研发技术支持功能，完成数据实时采集、计算和出力指令下发，实现"源网储"实时联合调度控制，提升电网调峰能力，促进资源优化配置，发挥了共享储能对电网调频调峰、缓解新能源发电出力波动等方面具有突出优势，有助于提升新能源消纳能力，提高电力系统安全稳定运行水平，验证了共享储能调度控制技术的可行性。

（3）验证了"电站侧储能技术"的可行性。储能电站利用功率协调控制与能量管理装置，能够正确响应调度AGC控制指令，科学合理地调节储能出力，实现了储能

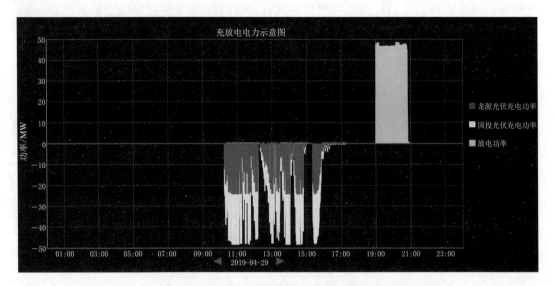

图 8-2 储能电站实时充放电电力曲线图

电站的有序功率自动控制，能够满足电网调度系统对储能电站有功频率、无功电压等指标的快速响应要求，验证了储能系统运行的安全性、经济性和技术可行性。

（4）验证了"电量计量与交易结算技术"的可行性。对鲁能多能互补电站电网侧储能计量点改造，满足了辅助服务市场化交易条件，储能电站投入"电网调度AGC 控制"模式，实现储能在电网侧的应用，验证了电量计量与交易结算技术的可行性。

8.2.3　实践意义

国网青海省电力公司创新开展共享储能调峰辅助服务市场化交易，由储能电站与集中式光伏电站之间开展的调峰辅助市场化交易在国内尚属首次，也是储能技术在促进新能源消纳方面的首次规模化应用，是共享储能商业模式探索实践的一个良好开端。

此次试点交易期间，集中式光伏发电通过电网实现共享储能充放电转换并汇集传输，发挥了电网"枢纽型"作用。依托新能源大数据中心为储能与光伏市场化交易搭建能源配置平台，强调了电网"平台型"功能。根据开放、合作、共赢的理念，带动了储能产业和新能源产业上下游共同发展，实现互惠互利、多方共赢，体现了电网"共享型"特征。这是国网青海省电力公司响应国家关于促进储能技术与产业发展战略部署，推动国家电网公司"三型两网、世界一流"能源互联网企业战略在青海落地的重要探索，成为智慧能源系统的关键支撑，对未来储能发展具有引领示范意义。

8.3　实践总结

8.3.1　存在问题及改进思路

（1）此次试点交易期间，参与市场主体较少，为满足全面开展市场化交易的要求，还需进一步深化应用区块链技术。下一步将以泛在电力物联网建设为契机，基于区块链技术，深化开展共享储能系统商业运营与交易模式的应用研究，通过建立融通电力调度控制系统、交易系统的共享储能多方服务将新能源受阻电力、电量与储能系统通过区块链技术采集，融合加密技术、智能合约和共识机制，配合大电网安全校核和自动控制系统，解决源储两端电力、电量、电价难以精准区分、分配的难题，实现共享储能的快速交易、清分结算、交易信息透明化等功能，促进储能系统自主交易和智慧决策调控，形成市场化长效机制，吸引更多新能源企业加入共享储能体系。

（2）此次试点采取市场合约方式，组织储能企业和新能源企业开展双边交易，未能实现多方竞价交易。在后续工作推进中，将应用基于区块链的共享储能辅助服务技术支持系统，采取多方竞价的方式进一步扩大共享储能市场化交易规模，实现共享储能多边市场化交易，以市场交易推动新能源消纳和储能行业的有序发展。在 2019 年 6 月开展共享储能多边市场化竞价交易并在"绿电 15 日"全清洁能源供电期间进行验证。

（3）此次试点交易期间，参与交易的光伏规模较小，储能电站充电电量未达到 100％。未来开展更加深入的实践探索时，将全面开放辅助服务市场，引入多边交易，扩大光伏电站参与规模，实现储能装置满充满放，在有条件的情况下实现一日多次充放电，最大化提高储能装置的利用率和新能源消纳水平。

8.3.2　共享储能未来发展的思考

（1）制定合理的规划及管理政策，以此推动共享储能商业模式建立。缺乏转型意愿和适当的外部环境是广泛采用共享模式的主要障碍。无论新能源电站方还是储能电站方，在采用共享储能模式上均受到当前和未来一段时间内相关政策制度的影响，双方普遍关心未来政策风险，未来峰谷电价机制如何调整等政策都将影响储能产业的前进速度。如果政策路线能更清晰，短期内靠市场付费及补偿政策机制实现储能收益，同时制定并不断完善相应的共享储能商业运营模式，循序渐进，未来可实现无缝对接电力市场、现货市场、辅助服务市场，逐渐形成一套具备自我新陈代谢能力的共享储能商业体系。

（2）提升装备研制技术及配套控制技术，以此降低共享储能的总体投入成本。共享储能是独立储能电站与共享经济理念相结合的产物。独立的储能电站在实际操作中还无法完全发挥电价优势，主要原因是能源成本、设备成本以及设备利用率问题。应针对共享储能在全清洁能源供电下的交易规则、运营模式、调控机制、运行控制策略及装备和平台研制等方面开展深入的学术研究和探索实践，通过完善研发及管控技术，实现成本的有效降低。

在装备层面，应通过研究储能电站容量约束、经济性及各新能源电站输出的电能特性对储能电站运行的影响，在不同层级下确立共享储能平台的规划条件，同时从装备技术上提升储能电站的建设水平，降低基础投入成本。

在控制技术上应根据新能源电站和共享储能电站特性差异，研究各种场景下响应特性的协调控制策略，评估各控制策略对储能系统全生命周期成本、运行效率、可再生能源消纳能力的影响，以此为基础建立考虑电压和频率主动支撑效果与经济性综合目标的储能系统控制模型，通过先进的控制技术实现共享储能平台的长生命周期高效率利用。

（3）完善基于区块链的共享储能商业运营模式，以此推动共享储能的产业化进程。共享储能系统作为新型储能应用、信息物理融合、多元市场融合的"互联网＋"智慧能源产物，需要建立快速、公开、透明、安全的运营交易体系，从而实现"储能共享、多能协同、信息对称、供需分散、系统扁平、交易开放"等功能。而按照传统交易规则设计的共享运营交易平台在解决多主体间的可信认证、交易的安全性、账本记录与追溯等方面存在一定的技术限制，无法满足现有交易的需求。

区块链技术本身就在革新传统的多方交易模式，以保障信任为核心，促进交易、认证等多方面高效运行。因此，应在考虑国网公司内部网络安全的前提下，以泛在电力物联网建设为契机，基于区块链技术深入开展共享储能系统商业运营与交易模式的应用研究。寻找区块链技术和共享储能运营交易的契合点，基于区块链联盟链架构构建共享储能模式下用户、新能源发电商、服务供应商等多主体间交易体系架构，并针对共享储能运营交易中的可信认证、交易执行、对账出清、结算支付、分布式数据存储与数据分析、账本记录与追溯、用户隐私保护、共享黑名单建立及用户分级等应用场景等关键技术进行研究，构建合理的共享储能交易规则，实现新能源补贴在共享储能交易中的中和转换及其他相应功能。

参 考 文 献

[1] 凌志斌，黄中，田凯. 大容量电池储能系统技术现状与发展 [J]. 供用电，2018，35（9）：3 - 8，21.

[2] 李建林，靳文涛，惠东，等. 大规模储能在可再生能源发电中典型应用及技术走向 [J]. 电器与能效管理技术，2016（14）：9 - 14，61.

[3] 国家电网公司"电网新技术前景研究"项目咨询组，王松岑，来小康，等. 大规模储能技术在电力系统中的应用前景分析 [J]. 电力系统自动化，2013，37（1）：3 - 8，30.

[4] 杨军峰，郑晓雨，惠东，等. 大储能技术在送端电网中促进新能源消纳的容量需求分析 [J]. 储能科学与技术，2018，7（4）：698 - 704.

[5] 张宁，王毅，康重庆，等. 能源互联网中的区块链技术：研究框架与典型应用初探 [J]. 中国电机工程学报，2016，36（15）：4011 - 4022.

《大规模清洁能源高效消纳关键技术丛书》
编辑出版人员名单

总责任编辑　王春学

副总责任编辑　殷海军　李　莉

项目负责人　王　梅

项目组成员　丁　琪　邹　昱　高丽霄　汤何美子　王　惠
　　　　　　蒋雷生

《大规模共享储能应用技术及其运营模式》

责任编辑　王　梅

封面设计　李　菲

责任校对　梁晓静　赵　敏

责任印制　崔志强